安徽省社会科学创新发展研究项目《“双碳”目标下安徽省数字经济发展推动节能减排的系统性动态路径研究》（2022CX048）

安徽省科研计划编制重点项目《安徽国家战略性新兴产业集群数智信息生态系统构建：动力机制、组成要素与运作机理》（2024AH052135）

数字经济
对环境质量的影响研究

Research on the Impact of
the Digital Economy on Environmental Quality

曹振祥　著

中国财经出版传媒集团
经济科学出版社
Economic Science Press
·北京·

图书在版编目（CIP）数据

数字经济对环境质量的影响研究 / 曹振祥著.
北京：经济科学出版社，2024. 12. -- ISBN 978-7-5218-6485-4

Ⅰ. X821.2

中国国家版本馆 CIP 数据核字第 20242EF248 号

责任编辑：卢玥丞
责任校对：刘　昕
责任印制：范　艳

数字经济对环境质量的影响研究
SHUZI JINGJI DUI HUANJING ZHILIANG DE YINGXIANG YANJIU
曹振祥　著
经济科学出版社出版、发行　新华书店经销
社址：北京市海淀区阜成路甲 28 号　邮编：100142
总编部电话：010-88191217　发行部电话：010-88191522
网址：www.esp.com.cn
电子邮箱：esp@esp.com.cn
天猫网店：经济科学出版社旗舰店
网址：http://jjkxcbs.tmall.com
北京季蜂印刷有限公司印装
710×1000　16 开　14.5 印张　210000 字
2024 年 12 月第 1 版　2024 年 12 月第 1 次印刷
ISBN 978-7-5218-6485-4　定价：102.00 元
（图书出现印装问题，本社负责调换。电话：010-88191545）

前言
PREFACE

经过三十多年的高速发展，我国经济呈现出以“稳增长、新动力和优结构”为核心的新常态。由于经济增长与环境保护的矛盾已成为制约我国经济可持续发展的重要因素，我国急需改变原有的粗放型发展方式，逐渐向低能耗、低污染和高附加值的产业转型。资源和环境既是提升经济发展速度的重要内生变量，也是衡量经济发展质量的硬性条件。加强生态文明建设，促进人与自然的和谐共生，已然成为推动社会经济可持续发展的必然选择。

伴随着第四次工业革命的产生和发展，新一代信息技术与传统产业的深度融合推动了社会发展向数字化和智能化方向转型，以数字化的知识和信息为关键生产要素的数字经济逐渐成型，并成为继农业经济、工业经济之后的更高级经济阶段。数字经济作为新时代经济高质量发展的契机，为我国经济结构的转型升级与经济可持续发展提供了新的思路和动力。在此背景下，深入研究数字经济对环境质量的影响效应具有一定的理论和现实意义。

本书以“文献研究—机制分析—实证检验—对策建议”为研究路径。首先，对数字经济与环境质量的相关文献进行梳理。其次，从理论层面探讨数字经济对环境质量影响效应及其路径机制。再次，构建评价区域数字经济和环境质量的指标体系并进行测算；从次，实证检验数字经济及其外生政策冲击“宽带中国”战略对环境质量的影响效应；最后，以系统动力学为基础，构建我国数字经济影响环境质量的系统性动态模型，同时处理两者之间不同要素的多重反馈问题以及要素流动形成的累积效应，仿真模拟数字经济对环境质量的影响路径。

本书实证结论如下：(1) 我国数字经济发展呈现空间分布不均衡特征，表现为东部地区水平高，中西部地区相对落后，面临一定的“数字鸿沟”问题；环境质量较差的城市则主要集中在东北部地区和西部地区的一些省份。(2) 数字经济发展显著正向影响环境质量。不仅如此，数字经济还能够通过推动产业结构升级和科技创新间接改善环境质量。基于异质性分析发现：在地域分布上，数字经济发展对东部地区和中部地区的环境质量均具有正向影响，且对东部地区促进作用更大，但对西部地区的作用不显著；从城市规模来看，数字经济对大型城市的环境质量提升作用最为强劲，对中型城市的影响次之，而对小型城市的影响不显著；针对不同类型的城市，资源型城市、高产业结构城市和强科技创新城市的数字经济发展对环境质量的促进作用显著高于非资源型城市、低产业结构城市和弱科技创新城市。(3) 以环境库兹涅茨曲线为理论基础，构建曲线模型研究发现：数字经济与环境质量之间呈现出驱动—抑制—驱动的“N”型关系。(4) 数字经济对环境质量的促进作用存在显著空间溢出效应，但基于动态空间杜宾模型的研究发现，空间溢出效应主要处于短期效应，长期空间溢出效应不显著。(5)“宽带中国”战略显著促进了城市环境质量，并能够通过推动产业结构升级和科技创新间接改善环境质量。基于异质性研究发现，西部地区“宽带中国”战略对环境质量的促进效应最强，东部地区次之，中部地区不显著；与非资源型城市、低产业结构城市和弱科技创新城市相比，“宽带中国”战略对资源型城市、高产业结构城市和强科技创新城市的环境质量促进作用更强。(6) 数字经济影响环境质量的系统性动态研究发现：总体上，数字经济发展能够减少环境污染，推动环境质量提升；数字经济发展会在前期导致更多的能源消费和 CO_2 排放，但其能够推动能源消费和 CO_2 排放更早的达到峰值，并且在达到峰值后，其能更快地推动二者的降低；在推动数字经济发展的同时，进一步提升产业结构和科技创新能够抵消数字经济的规模效应所导致的能源消费和 CO_2 排放的增加，从而进一步提升环境质量。

由此引申的政策建议是：加快数字经济发展，实现环境质量改善；创新数字技术，助力传统产业，实现科技创新和产业结构升级；推动区域协调发展，缩小“数字鸿沟”；突出政策引领作用，增强数字经济政策扶持。

目录

第1章

绪　论

1.1 研究背景

伴随着中国经济由高速增长阶段进入高质量发展阶段，实现经济发展由“增长速度”到“发展质量”的转变成为经济可持续发展的必由之路，生产力的高效转型成为构建现代化经济体系的重要支撑力（高培勇等，2019）。20 世纪以来，以资源密集型和劳动密集型为主的传统粗放型经济增长模式虽然推动了中国经济的高速增长，然而其以环境污染和生态环境破坏为代价，使得经济难以得到可持续发展，也严重危害了人民生活质量，与人民群众对美好生活的向往不相匹配。2018 年美国耶鲁大学与哥伦比亚大学对全球 180 多个国家和地区的环境绩效进行分析指出，中国的环境绩效位居第 177 位，处于中下游水平，环境质量堪忧[①]。

由于经济增长与环境保护的矛盾已成为制约中国生态文明建设的重要因素，实现经济绿色发展迫在眉睫。习近平总书记强调，坚持节约资源和保护环境的基本国策，努力实现经济社会发展和生态环境保护协同共进[②]。近年来，环境污染问题引起了我国社会的高度关注，各级政府为了推动可持续发展，相应出台了一系列环境保护政策和措施，为改善环境质量发挥了一定的作用，人民群众的环保意识也逐渐增强。然而仅依靠政策的作用

① 全球 180 个国家空气质量大排名中国超印度排第 177 位［EB/OL］. 网易订阅，2018 - 04 - 04.

② 十八大以来，习近平反复强调“绿水青山”［EB/OL］. 光明网，2022 - 01 - 03.

力是远远不够的，生态环境在很大程度上是由经济发展模式所决定。因此，环境质量的改善归根到底需要将传统经济发展模式转为创新驱动模式。在经济新常态下，坚持绿色发展，推动人与自然和谐相处，已然成为中国实现经济可持续发展的必然选择（王婧和杜广杰，2020）。

伴随着新一轮科技革命的涌现，大数据、云计算、人工智能等新一代信息技术与传统产业的深度融合推动了社会发展向数字化和智能化方向转型，以数字化的知识和信息为关键生产要素的数字经济逐渐成型。党的十九大提出加快“数字经济”发展，数字经济成为驱动中国经济高质量发展的重大战略。当前，我国数字经济蓬勃发展，其规模从 2005 年的 2.6 万亿元增长到 2020 年的 39.2 万亿元；数字经济总量占 GDP 的比重从 2005 年的 14.2% 提升到 2019 年的 38.6%①。数字经济成为驱动我国经济高质量发展的核心动力。

随着新一代信息技术在各行各业中的不断深入应用，数字经济作为一种新经济持续为经济发展创造新机遇、新动能，并衍生出新技术、新产业、新模式及新业态。在新发展格局下，为了促进数字经济与实体经济的深入融合，我国出台了一系列数字经济发展战略，并将绿色发展理念贯穿于经济发展全过程，推动生态文明建设，形成经济社会与生态环境协调发展的良好格局。而在此背景下，中国数字经济的发展对环境质量是否具有影响效应，若是，那么数字经济发展如何影响环境质量？数字经济对环境质量的影响是否存在异质性特征？政府的数字经济相关政策对环境质量是否产生影响？本书将主要围绕这些问题展开深入分析。

1.2 研究目的和意义

1.2.1 研究目的

习近平总书记提出的“绿水青山就是金山银山”的话语②，以朴实生

① 数字经济发展白皮书［EB/OL］. 中国信息通信研究院，2024-10-06.

② 百年瞬间丨习近平首次提出“绿水青山就是金山银山”［EB/OL］. 央视新闻，2021-08-15.

动的语言深刻揭示了经济发展和环境保护的内在规律，也是我国社会推动绿色发展，实现生态文明的根本遵循。伴随着第四次工业革命的产生和发展，数字经济已成为我国高质量发展的核心驱动力。从理论上讲，数字经济的发展速度快、辐射面广、渗透性强、投入产出高效率等特点使其能够在社会经济体系中实现泛化渗透、广泛普及与高效利用，能够有效解决目前环境承载能力弱、资源短缺等约束性问题，同时有利于转变经济增长方式、优化经济结构，实现传统经济发展模式的革新，最终实现我国经济的高质量发展（张鹏，2019）。作为在实践过程中对经济体内部禀赋与外部环境变化的有效应答，充分培育和利用数字经济新动能成为我国推动产业结构优化升级，构建环境友好型社会，引导创新驱动发展，最终实现经济发展和环境保护和谐共生的核心动能。基于此，深入研究数字经济对环境质量的影响，为我国高质量发展建言献策，是当前亟待解决的重要课题。

1.2.2　研究意义

1.2.2.1　学术意义

2017年《政府工作报告》中首次提出要促进数字经济加快成长，意味着数字经济的发展上升到国家战略层面，党的十九大进一步强调了“数字经济”的重要性。经济高质量发展需要转变发展方式，实现绿色发展模式，推动经济发展与生态环境质量相协调。近年来，数字经济与高质量发展的关系已经受到了学术界的广泛关注，而对于数字经济如何影响环境质量的研究较少，相关研究还处于发展完善阶段，仍缺乏清晰的理论阐释和系统的实证检验，数字经济与环境质量的内在联系与现实检验有待于进一步深化。本书的学术意义主要包括以下三方面。

第一，现有数字经济对环境质量的实证研究主要集中在互联网、信息和通信技术（ICT）产业等层面上，或选择某一特定经济区域进行理论和实践分析。基于此，本书进一步拓展研究视角，系统梳理并剖析了数字经济对环境质量的影响效应，能够在更广泛的视角上厘清关于数字经济驱动环境质量改善的机制。

第二，本书不仅考察了数字经济对环境质量的总体效应，还分析了地理区位、资源禀赋等异质性；不仅研究了数字经济与环境质量的基本关系，还探讨了数字经济通过产业结构升级和科技创新对环境质量的间接效应；而且基于环境库兹理茨曲线（EKC 曲线），分析了数字经济对环境质量的非线性影响。

第三，在回归分析基础上，进一步构造数字经济对环境质量影响的系统动力学模型，同时处理数字经济与环境质量之间不同要素的多重反馈问题以及要素流动形成的累积效应，进行系统性动态模拟仿真，分析中国数字经济对环境质量影响的发展趋势。

总之，本书的研究在视角、内容、方法和结论等方面进一步丰富了数字经济与环境质量的相关研究，深化了对数字经济影响环境质量机制的认识，为通过数字经济推进绿色发展提供了学理依据，具有一定的学术意义。

1.2.2.2 现实意义

数字经济对我国经济增长的贡献度不断提升，为我国经济向高质量阶段演进带来了历史性契机。生态环境保护和改善与经济高质量发展不是彼此割裂的，而是呈现出辩证统一的特征。我国的经济结构和经济发展方式对生态环境产生了深刻影响，而生态环境的可持续是国家稳步发展的重要前提。保护生态资源，推动绿色发展，是经济高质量发展的内在要求和重要方式，更是实现中华民族伟大复兴的治本之策。而从我国的经济社会发展特点来看，如何实现经济增长与生态环境和谐共生一直是我国推动高质量发展面临的困境和难点，更是社会各界所共同关心的重要问题。因此，系统分析数字经济对环境质量的影响效应，不但高度契合经济新常态下我国经济建设新目标与社会发展的宏观命题，而且也为数字经济的健康持续发展和环境质量的优化改善提供政策引导与有益参考。

1.3 概念界定和理论基础

1.3.1 概念界定

1.3.1.1 数字经济

20世纪90年代中后期，唐·塔普斯科特（Don Tapscott，1996）率先在其发行的著作（*The Digital Economy*：*Promise and Peril in the Age of Networked Intelligence*）中提出“数字经济”这一新名词。20世纪90年代末期，美国社会呈现出一片空前未有的繁荣茂盛新景象，如经济快速发展、通货膨胀率持续处于较低状态，民众就业率达到较高水平。众多研究学者一致认为是信息技术的发展与更新为社会经济灌输了强大动力，使得经济出现新活力和新景象。直至1998年，美国商务部发布的《新兴的数字经济》报告（*The Emerging Digital Economy*）中重点强调了数字经济的到来以及它对人类社会生活的影响，主动将数字经济作为国民经济统计中的重要指标，并开始展开对数字经济的评估，例如，拟定评价指标、获取相关数据等。在此基础上，美国先后发布了《新兴的数字经济Ⅱ》（*The Emerging Digital Economy Ⅱ*）和《数字经济2000》（*Digital Economy 2000*）等报告。自此，“数字经济”这一新兴名词开始在全世界范围内广泛使用（李长江，2017）。随着信息技术的迅猛发展，数字经济作为新时代经济高质量发展的契机，加速了全球经济的数字化转型。大数据、物联网、云计算、人工智能等各种新兴技术不断地向经济领域灌输数字化新思想和新动力，实现了与社会经济的融会贯通，推动数字经济高速增长，为全球经济创新发展、平稳运行提供重要动力。

数字经济是一个难以界定的阶段性和融合概念，一方面它涉及在各个行业的具体应用，例如，在计算机、互联网、电信与通信等基础服务行业被视为关键性技术应用，在互联网教育、互联网平台经济、

B2B 等行业的应用；另一方面数字经济是一种融合经济，在某些方面，基础性产业借助数字技术从而获得显著发展，依托数字技术得到的产业创新、生产效率的提高，这也属于数字经济存在的一部分主体（马化腾，2017）。

由于数字经济的概念难以界定，相关研究机构和学者以差异化视角对数字经济的概念作出不同解释。经济合作与发展组织（2014）将生态系统作为定义数字经济的重要参考，指出数字经济是以数字技术作为主要发展引擎和驱动力，其中这类数字技术主要包括人工智能、物联网、云计算、区块链等，并由各类数字技术与经济持续地跨界融合发展产生的生态系统。美国经济分析局（2016）指出数字经济应包含以下几点特征：（1）数字经济是支撑互联网平台稳定工作的重要数字化基础设备；（2）发生在网络平台的数字交易，如 B2B、B2C；（3）基于数字化媒体的数字化信息服务内容。当前，政府组织对于数字经济的内涵界定较为权威的是 G20 杭州峰会发布的定义，即“数字经济是指以使用数字化的知识和信息作为关键生产要素、以现代信息网络作为重要载体、以信息通信技术的有效使用作为效率提升和经济结构优化的重要推动力的一系列经济活动。”①

1.3.1.2 环境质量

生态环境是人类生产、生活以及人类文明存在和发展的必备条件，更是社会稳定和推动经济可持续发展的重要支撑。党中央坚定不移地将“持续改善环境质量”列为“十四五”发展的重要目标。基于此，把握“环境质量”的具体内涵是改善生态环境的关键要素。目前，各研究领域对“环境质量”的内涵理解各有侧重，仍未对“环境质量”的概念形成一致认定，但都着重强调了环境质量是由自然和社会因素相互作用、相互联系下产生的变化和发展。主要包括：（1）环境质量由生物因素和非生物因素组成；（2）人类是生态环境的主体，自然界是生态环境的客体，二者相互作

---

① G20 数字经济发展与合作倡议［EB/OL］. G20 官网，2021 - 08 - 07.

用、相互制约。

李宏伟（2015）根据上述观点对广义的生态环境进行定义：生态环境是将人类作为主体的自然要素和社会要素的集合。自然要素不仅包括生物因素和非生物因素，更强调是在人类活动干预下产生的一些人为因素对生态环境造成影响的一种非自然状态。由于自然界以其本能源源不断地养育着人类，不断为社会提供能量和发展潜能，因此便成了自然化的社会。张瑞萍（2015）则以经济学作为主要理论基础，将生态环境分为两类：一是以社会经济活动投入的一系列生产要素形成的生态环境；二是由一系列能够容纳社会经济活动产生的污染排放集合所构成的生态环境，如江河湖海、空气及土地等。

赵国强和陈立文（2018）认为环境质量建立在以生态学和环境科学为其内涵解释的重要理论基础上。环境质量简单来说是指生态环境所处的一个优越、良好、恶劣等程度的状态，也包括对其需求与满足达到的水平。具体以经济活动为背景，在一定的时空领域内，以生态系统为视角，揭示人类生产、生活及经济活动对生态环境的需求与满足所达到的某种适宜状态，评估生态环境变化状态的结果是否达到人类需求的适宜程度。洪雪飞（2019）根据生态环境属性将环境质量划分为自然和社会环境质量，其中环境质量内涵又区分为广义和狭义。通常来说，广义的环境质量主要是指花、草、树木、水、空气、土地等天然或经过人工干预的自然要素对人类生产、生活及经济活动的适宜程度；狭义的环境质量重点强调人类工业活动或社会活动所产生的诸如水源、废气和固体排放、土地等污染对环境造成的不同程度的损害。

以理论基础为出发点，环境质量所处的状态能够以定性和定量相结合的方法进行阐释，这是由于环境质量代表的是整个环境大系统客观存在的本质属性（叶文虎和栾胜基，1994）。在实际中，学者把环境质量直观地理解成：在特定的时空范围内，依据人类需求和环境本质属性，评估环境系统的各个子系统要素与人类生产、生活的协调程度（叶亚平和刘鲁君，2000）。

1.3.2 理论基础

1.3.2.1 内生经济增长理论

经济增长是经济学研究领域的核心问题，不同的理论学派对于经济增长的要素和作用机制的看法不尽相同。新古典经济理论在强调物质资本是经济增长的基础要素外，还认识到技术进步对经济增长的有效作用。当社会经济系统通过物质资本和人力资本的积累达到均衡增长路径时，人均GDP的增长率与技术进步决定的全要素生产率的增长率相同，但此时的技术进步是一种外生因素。

索洛经济增长模型主要考虑资本积累和劳动积累两方面生产要素。该模型的结论是：稳态经济增长路径下，长期的经济增长决定性因素是技术进步这一外生变量。如果不存在技术进步的作用力，随着资本积累程度上升，资本边际效率越来越低，最终将致使经济零增长。而该理论的局限性也使得传统经济增长理论陷入尴尬局面，导致1970年以来关于经济增长理论的研究停滞不前。

1980年以后，以罗默、卢卡斯等为代表的学者在新古典经济理论的基础上，把技术进步看作内生因素，构建了内生经济增长理论。卢卡斯（1988）用人力资本变化率衡量技术进步率，把人力资本积累作为经济增长的内生变量，指出人力资本积累越快，该部门产生的财富就越大，从而导致经济增长。该理论强调了人力资本在经济持续增长中的核心作用，克服了劳动和物质资本的边际产出递减的困境，实现了经济的持续增长。卢卡斯认为人力资本与一般劳动力不同，其形成的最佳途径来源于教育和实践学习。

罗默（Romer，1986，1990）则从知识积累的角度来理解经济发展机制，他认为知识积累是因，技术进步为果，知识积累是实现经济增长的内生动力，从而构建出一个内生的技术进步长期经济发展模型。由于知识不具备保密性，在发展过程中逐渐积累起来的知识具有外部特征。另外，知识的缔造者通常会将知识作为交换获取相应的价值回报，这便为知识的传播提供了有利的条件。除此以外，在既定的竞争均衡情境下，单位劳动产出将连续增长。因此，在持续增长的资本存量条件下，资本报酬率呈现递增趋势。

罗默指出科学知识具有两面性，一是从科学知识的本质属性出发，其具有非排他性；二是从知识产权角度来看，科学知识并非完全地界定为“非排他性”，原因是知识的创新与积累是取得科学技术新突破的关键基础，而这一过程需要保持长时间研发投入。换句话说，长期的研发投资是在科学研究的基础上获取新进展的有效途径，在此情景下取得的新技术具有所有权，要想获取是需要付出一定代价的。除此之外，人力资本素质的提高也需要投入一定的时间和成本。

阿吉翁和霍伊特（Aghion and Howitt，1992）等在熊彼特增长理论的基础上，以新的“创造性破坏”理论来解释创新创造的循环机制，即生产者为追求盈利最大化会通过创新性行为来打破市场平稳局面，而在这一过程中无法进行创新的企业将会被市场淘汰。企业创新性行为和措施都将推动新的技术取代旧的技术，如此反复，新的社会知识不断积累，从而为企业建立起新的生产体系，推动企业新发展进程。以此促进市场竞争的创新性行为是实现社会知识持续积累的重要途径。

不同于古典经济增长依靠资本投入和劳动力增长的粗放型发展模式，内生经济增长理论将技术相关因素内生化，有效地避免了新古典经济增长理论中存在的一些矛盾。该理论将知识与技术作为社会经济发展的核心要素，认为物质投入的边际报酬递减、知识投入的边际报酬递增。同时，知识具有正外部效应，需要将知识的发展与积累摆在重要位置，在经济发展的全过程充分关注知识的积累与发展，其真实反映了经济增长的动力源泉。传统意义上的生产要素是以劳动力、资本等为核心，但随着社会经济和信息技术的快速发展，生产要素和要素的构成出现了根本性的变革。在信息技术的催生下，形成了以数字化的知识和信息为核心生产要素的经济新形态，即数字经济。知识和信息本身的共享性、再生性、预测性和传递性等特征，弥补了传统生产要素存在的某些缺陷，极大地促进了社会经济发展。信息技术在各行各业的成熟应用实现了经济活动的互联互通，促使信息和知识的传播方式和发展速度发生巨大改变，提高了信息和知识在社会经济活动中的价值创造性和灵活应用性，推动了新兴的生产要素赋能产业发展提质增效，实现了新的价值创造和分配。

基于此，从生产要素的结构上分析，可以得知数字经济与实体经济的深度融合使得知识和信息成为持续促进释放经济增长内生动力的核心要素。除此之外，知识和信息也是影响人口素质、要素配置、节能减排等方面的重要因素，为经济发展带来全新变革。随着信息技术革命的深入推进，大数据、人工智能、物联网等新兴技术持续涌现，促使经济形态发生根本性变革，为经济发展注入了新动能和新活力。社会产品和服务随着经济发展逐渐趋于知识化、智能化、数据化，生产模式也从规模化生产向基于客户需求的个性化生产方式转变。数据和信息平台的发展为经济活动提供了便捷的交易平台，更好地满足了用户多样化、个性化的需求，为实现“按需生产”创造了有利条件。数字经济的高速增长极大地提高了数据处理、收集和分析等能力，是驱动创新发展和科学研究的强劲动力，在一定程度上促进了知识积累，推动了数字技术的更新与发展。当前全球经济迅猛发展，以数字技术为核心的科技进步作为社会经济增长的关键内生因素，既从结构角度促进社会经济发展，也代表经济增长的内在源泉推动社会经济高速发展。

1.3.2.2 绿色发展理论

工业革命以后，人类对社会发展的认识和理解逐渐加深并构成了各具特色的发展模式。在资本主义情境下，限于传统思想观念的束缚，其思想和模式始终难以摆脱对物质财富的一味追求与崇拜，并坚持以高能源资源消耗换取资本积累和盈利。这种传统发展观的功利主义不可避免地会致使环境压力的剧增，甚至超出了生态承载力，最终会导致经济的崩溃以及人类福利扭曲。因此，无视生态承载力的增长模式不具有可持续性，传统发展观念亟待转变。

20世纪70年代以后，可持续发展观念逐渐兴起并被社会广泛关注，使人类社会对发展的认识实现了新的突破。生态经济将资源开发与环境保护相结合，将可持续开发作为人类经济、社会可持续发展的基础，成为可持续发展的核心。1987年联合国将“可持续发展”定义为“既满足当代人的需求，又不对后代人满足其需求的能力构成危害的发展”①。与传统的发展观念不同，可持续发展强调在控制人口，提升人口素质和保护环境的基础上实现经济社会发展。尽管可持续发展概念已经受到了世界范围内的关注，但由于没有构建完善的国际合作协议，使得改变传统发展模式的世界性协作还没有真正形成。从某种意义上讲，缺乏有效的国际合作协议，几乎不可能真正实现可持续发展。可持续发展观虽然具备时代进步性，但其仍然是建立在人类中心主义上的发展观，只是对传统发展观的被动调整（胡鞍钢和周绍杰，2014）。

伴随全球经济一体化发展，厘清经济发展和环境的关系至关重要。当前，气候变化带来的负面影响体现在各国生态环境和社会生活的方方面面。在此基础上，绿色发展理念逐渐发展成为全球共识。从绿色发展的本质属性出发，其在气候治理和环境保护上更赋有包容性，不但包括人口增长和经济发展以及资源供应之间的矛盾等传统可持续发展问题，也涵盖了气候变化对人类社会的巨大挑战。人类社会已经意识到其排放的温室气体所导致的气候变化对人类生产、生活安全和自然财富造成了巨大威胁。在一定程度上，绿色发展观是可持续发展观的改进和升华。

首先，绿色发展强调经济、社会和自然系统的共存和发展目标的多样性，即三个系统的协调发展。其次，绿色发展的核心是实现绿色经济增长。绿色经济以资源节约和环境友好为核心要素，将经济绿色化和绿色产业化作为发展方向，增长模式强调低资源消耗、低污染排放。最后，绿色发展需要依靠世界范围内的协同治理。随着工业革命的发展，全球气候发生了巨大变化，各行各业产生的废水废气等污染对生态环境造成了不可逆

---

① Keeble B. R. The Brundtland Report: “Our Common Future” [J]. Medicine and war, 1988, 4(1): 17-25.

的伤害。因此，新一轮经济发展强调以全球治理的视角，严格树立绿色发展理念，构建多方位、多主体的协同治理模式，推动全球环境治理和环境质量提升。在协同治理的基础上，“共同但有区别的责任”这一核心原则是推动气候治理和环境质量提升的关键理念，同时也是构成绿色发展模式的重要主旨。在这一过程中，首先，发达国家扮演着重要的角色，在作为驱动绿色发展主力军的同时，不仅要主动担负全球环境治理的艰巨任务，还要为非发达国家提供绿色创新技术和发展资金。其次，发展中国家应积极响应全球环境治理，勇挑绿色发展重担，采用政策和技术手段助推绿色发展，因地制宜地推动各区域绿色发展进程。

我国绿色发展理论主要起源于三方面：古代的“天人合一”智慧，自然辩证法与可持续发展理论。绿色发展是生态系统—经济系统—社会系统的协调与统一。其目标为：自然生态系统由生态赤字向生态盈余发展；经济系统由强调功利性增长向净福利发展；社会系统由不平衡发展转向平衡发展（胡鞍钢，2012）。马克思认为，人与自然的关系是辩证统一的，人是自然界的一部分，是自然进化的产物，自然是人类生存和发展的物质前提和保障。

习近平总书记的绿色发展理念不仅将马克思的生态思想与当前经济社会的发展特征相结合，而且将生态文明理念渗透至经济和社会各层面中。绿色发展在经济社会中包含两方面内容：（1）绿色经济理念。绿色经济理念是新型经济发展理念，坚持贯彻决不以牺牲环境为代价来换取一时的增长，坚决摒弃带血的、带污染的 GDP。同时，通过环保投入来取得经济发展实效，“金山”可以从“绿山”中获得。（2）绿色环境发展理念。习近平总书记指出，加快生态文明体制建设，建设美丽中国，必须通过科学规划来合理利用生态资源，这是关系人民福祉、关系民族未来的大计。习近平总书记在遵循马克思、恩格斯关于人与自然关系的辩证统一性思想的基础上，站在“第二自然”这一更广阔的时空背景，倡导人类与生态环境的和谐共处，从而实现人类社会与生态环境的协同发展（周晓敏和杨先农，2016）。

1.3.2.3 环境库兹涅茨曲线理论

1955年，美国经济学家西蒙·史密斯·库兹涅茨提出了库兹涅茨曲线（KC），其主要是为了判断人均收入和分配状况之间的关系，即当国民人均收入水平处于一个较低状态，那么收入分配就会出现不公平现象，这种现象会伴随国民收入水平的增加而逐渐加深；而在收入水平处于一定饱和状态时，收入分配就会伴随人均收入水平的改善而逐渐向公平状态转变。格鲁斯曼和克鲁格（Grossman & Krueger，1991）将二氧化硫（SO_2）和大气悬浮颗粒看作衡量环境污染程度的关键要素，在判断环境污染排放量与社会经济活动之间的关系时，指出当人均收入水平逐渐提升时，环境污染将随着人均收入水平的增加而逐渐增多，当收入水平处于一定的转折点时，环境污染又会跟随收入水平的提高而逐渐得到缓解，即环境污染与人均收入呈现倒“U”型趋势。帕纳约特（Panayotou，1993）首次使用EKC来描述经济增长与环境污染之间的关系，自此之后，众多研究机构和学者将环境库兹涅茨曲线应用于环境问题中。由此，环境库兹涅茨曲线在实践中不断得到验证与发展，研究方法也日益趋于成熟与稳定。

根据对相关文献的调查，目前学界在对二者关系进行判断和分析时，还是存在较多不一致意见，差异性的观点居多。环境库兹涅茨曲线是否符合实际情况、曲线节点对应的状态和位置都受到质疑。例如，内马特（Nemat，1994）在其相关研究中就给出人均二氧化碳（CO_2）排放量随着人均收入的提高而呈现线性提升的结论，这与环境库兹涅茨曲线结论是相悖的；施特恩和佩尔曼（Stern & Perman，2003）直接指出硫污染物和经济发展不存在环境库兹涅茨曲线关系。马赞蒂·马西米利亚诺（Mazzanti Massimiliano，2008）认为环境污染物的种类和产生污染的源头产业在环境库兹涅茨曲线中表现出不同的状态，例如，氮氧化物、硫化物及气体颗粒物等污染物呈现“N”型，甲烷和二氧化碳呈现倒“U”型；处于服务行业的EKC曲线表现出先增加后减少的态势。若贝尔·托马斯（Jobert Thomas，2014）发现在不同的经济水平的国家，二氧化碳的EKC曲线均不一致，各有其特点，仅当经济水平较高、环境影响程度最小、能源利用效率高的区域，其 EKC 曲线呈现倒“U”型。

早期相关研究学者一致认为在社会经济持续繁荣的阶段，产生的一系列环境污染物可以内在地自动解决。但随着对环境污染和经济发展之间关系的深入研究，众多学者发现对环境造成影响的因素并不局限于经济。由于环境库兹涅茨曲线所呈现出的是一种持续且长期的关系状态，所涉及的影响因素有很多，因此有关研究机构和学者便对 EKC 影响因素可能涉及的种类展开深入分析，例如，区域人口密度、信息技术发展、经济发展模式、环境保护策略等（丁焕峰和李佩仪，2012；邵帅等，2016），从而对环境质量与经济增长的作用机制进行深入分析。经大量实证研究得出，一些污染物形成的环境污染指标与经济增长之间的关系表现为“N”型或曲线型等多种趋势。针对这一现象，张成和朱乾龙（2011）提出环境污染与经济增长呈现出的关系特征与所选定的区域和环境污染指标有关，并通过对全国的相关数据进行实证分析，结果发现人均二氧化硫、废气和废水污染物排放量与人均 GDP 间的关系依次呈现倒“U”型、倒“N”型和“N”型趋势。臧传琴和吕杰（2016）通过对 1995～2014 年全国 29 个省份的面板数据进行实证分析，利用因子分析方法选取环境污染指标，研究经济增长与环境污染之间的关系，得出地域的选择并不能对非线性趋势造成影响，多个地区的 EKC 曲线均呈现倒“N”型形状。丁俊菘（2020）指出我国雾霾污染与经济发展之间的关系总体呈现“N”型关系，不同区域的雾霾污染与经济发展之间的关系呈现出不同趋势；沿海地区呈现“N”型，黄河中游与长江中游呈现倒“N”型，西南和东北地区则呈现典型的倒“U”型，而在西北地区又表现为线性递减趋势。综上所述，在对环境质量与经济发展之间的关系进行深入分析时，应将环境质量的相关数据和测评方法考虑进去。除此以外，由于数字经济作为一种新经济持续为经济发展创造新机遇、新动能，并衍生出新技术、新产业、新模式及新业态，对我国经济增长的贡献度不断提升，数字经济代表了我国经济发展的方向。因此，数字经济与环境质量之间是否存在环境库兹涅茨曲线关系也需要进一步研究。

1.4 研究思路和研究方法

1.4.1 研究思路

本书基于产业经济学、信息经济学与环境经济学相关经典理论和国内外数字经济、环境质量研究的现有成果，通过文献分析掌握本书领域的国内外研究进展，在此基础上构建数字经济影响环境质量的理论分析框架。基于宏观研究视角，以“文献研究—理论分析—实证检验—对策建议”为研究路径，形成数字经济与环境质量的分析思路。本书以扎实的理论为基础，以缜密的机理研究为支撑，利用翔实的数据集合以及有效的实证研究以得出科学的研究结论，为我国数字经济和环境质量提供理论支持和政策参考。

1.4.2 研究方法

为了研究数字经济与环境质量的逻辑关系，本书将定性研究和定量研究相结合，通过梳理相关文献资料从理论层面构建两者的逻辑框架，并利用计量方法进行实证检验。具体方法如下。

（1）文献研究法。

本书利用文献研究法对数字经济和环境质量的关系等内容进行了文献梳理、总结和述评。采用文献计量学方法分别对国内外数字经济研究领域文献的发文量、关键词、机构合作、被引分析等进行可视化分析，以期详细描述、预测该领域在国内外发展的前沿与热点、异同与发展趋势。在此基础上对数字经济和环境质量的测度方法及相关内容进行理论分析，搭建分析框架，为后续研究奠定理论基础。

（2）熵权 TOPSIS 法。

熵权 TOPSIS 法是将信息熵和 TOPSIS 相结合的评价方法，能客观地确定指标的相对权重，实现目标的综合评价。为了科学测算数字经济发展综合水平，本书在构建数字经济发展评价指标体系的基础上，运用熵权 TOPSIS 法，测算了中国省市级的数字经济发展指数。

(3) 主成分分析法。

主成分分析法主要是利用数据间的线性变换将众多变量进行线性整合，从而获得较少数量的核心变量，达到简化数据和提升结论有效性的统计方法。当前自然生态领域的一些研究已广泛运用主成分分析法，并总结出众多成功经验。因此，本书利用主成分分析法来测算中国省市级环境质量。

(4) 面板固定效应、工具变量法、空间计量法等计量方法。

由于本书主要选取了城市和省级面板数据作为研究样本，因而需要在实证检验中借助面板数据进行回归分析。本书在设定的计量模型中主要采用时间个体双固定的面板固定效应模型。对于不可避免的内生性问题，采用了工具变量法予以克服。除此以外，考虑到数字经济与环境质量的空间关联性，采取空间杜宾模型进行空间溢出效应检验。最后在稳健性检验中利用半参数估计、GMM 等方法对面板模型进行稳健性检验。

(5) DID 双重差分法。

“宽带中国”战略是推动数字经济发展的基础设施政策的重要推动力，为数字经济研究提供了难得的准自然实验场景。通过 DID 双重差分机制分析我国“宽带中国”试点政策对城市环境质量的影响，进一步为数字经济对环境质量的理论研究提供政策经验支持。

(6) 系统动力学研究法。

针对数字经济影响环境质量的系统性动态演进问题，系统动力学以反馈概念和反馈系统为核心，通过系统不同要素之间的因果关系来构建多层面的反馈回路，从而厘清复杂系统的关系结构，分析要素相互作用的情景下系统行为的动态演进方式和形态。通过仿真模拟技术选择最佳的策略，为解决数字经济与环境质量这个复杂系统产生的一系列问题提供可行方案，旨在弥补前述中的回归分析方法的不足，并为相关政策的制定提供更直接和有效的依据。

1.5 研究内容和技术路线

1.5.1 研究内容

本书基于我国经济转向高质量发展阶段的大背景下，结合数字经济的繁荣发展以及环境质量的实际需要，通过文献调研确定研究主题，撰写理论述评，在研究国内外数字经济和环境质量领域现状的基础上，确定数字经济对环境质量的影响及其路径机制，并通过实证研究数字经济对环境质量的影响效应。

本书的主要研究内容分为8个章节，具体安排如下。

第1章：绪论。本章主要介绍了研究背景、目的和意义，对数字经济和环境质量的概念进行了界定，并指明了理论基础。然后介绍了研究思路和研究方法，以及文章的研究结构、技术路线和创新点。为了解全书全貌提供便利，尽可能做到“窥一斑而知全身”。

第2章：文献综述。本章首先通过知识图谱进行数字经济文献可视化分析，对国内外相关文献中的发文量趋势、高被引文献分析、研究脉络梳理、高频关键词共现和研究前沿分析，对数字经济的研究现状、热点及趋势等进行了分析，并为后文主题研究提供新的思路。其次对本书的研究对象数字经济与环境质量的相关文献进行梳理，为随后的具体研究奠定基础。

第3章：数字经济对环境质量的影响机理分析。首先，从产业数字化和数字产业化层面分析了数字经济对环境质量影响的驱动作用。其次，分析了数字经济对环境质量影响的抑制作用。再次，从数字经济促进科技创新和产业结构升级层面分析了数字经济对环境质量的间接传导路径。最后，从空间溢出视角分析了数字经济对环境质量的影响。本章为后文的实证分析确立了作用框架。

第4章：数字经济和环境质量的测度与分析。在借鉴现有研究成果的基础上，构建了评价城市数字经济发展水平的指标体系和环境质量水平的指标体系，基于市级的面板数据，运用熵权 TOPSIS 法测算了数字经济发展水平，利用主成分分析法测算了环境质量水平，为后文的实证研究提供衡量指标。

第 5 章：数字经济对环境质量的影响效应检验。本章基于 2011 ~ 2019 年 265 个城市的面板数据，综合运用固定效应模型、工具变量法等计量方法，实证检验了数字经济对环境质量的总体影响、传导效应、异质性效应以及空间溢出效应，从而对以下问题作出回答：一是数字经济对城市环境质量是否存在显著的直接影响；二是数字经济对环境质量的直接影响效应是否存在区域、资源等差异；三是数字经济是否通过科技创新和产业结构升级间接影响环境质量；四是数字经济对环境质量的影响是否存在非线性特征；五是数字经济对环境质量的影响是否存在空间溢出效应。

第 6 章：数字经济影响环境质量的政策效应评估——基于“宽带中国”的准自然实验。本章以“宽带中国”试点政策为研究视角，基于 2004 ~ 2019 年 265 个城市的面板数据，将“宽带中国”作为数字经济的外生政策冲击变量，以双重差分（DID）方法评估政府的数字经济推动政策行为对环境质量的影响效应。除此以外，为了消除“宽带中国”的设立非完全随机选择特性，通过倾向得分匹配方法构建实验组和控制组城市样本，并建立双重差分模型（PSM + DID）来进一步评估这一现实问题。

第 7 章：数字经济影响环境质量的系统性动态分析。本章以系统动力学为研究方法，通过构建我国 2005 ~ 2030 年数字经济影响环境质量的系统性动态模型，同时处理数字经济与环境质量之间不同要素的多重反馈问题以及要素流动形成累积效应，进行系统性动态仿真模拟，从而捕捉数字经济和环境质量发展过程中内部的因果动态联系，分析数字经济和环境质量发展路径。并根据预设的政策目标，分析不同参数下的系统行为，对不同方案和不确定条件下的政策情景进行评估，使得数字经济与环境质量的政策建议的耦合性达到最优状态。

第 8 章：研究结论与展望。本章总结全书的主要结论，并从不同层面提出数字经济推动中国环境质量的政策建议，并指明本书研究的不足和接下来的研究展望。

1.5.2 技术路线

根据本书的主要内容、方法和思路，技术路线如图1-1所示。

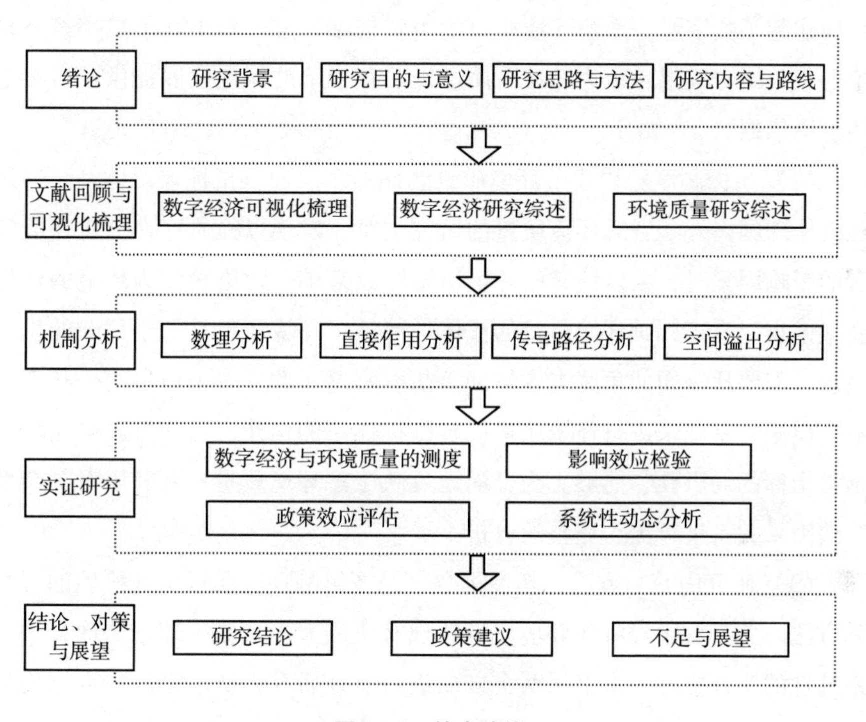

图1-1 技术路线

1.6 研究创新点

相较于以往学者对数字经济与环境质量领域的研究，本书可能的创新之处如下。

（1）研究视角：较为深入地剖析了数字经济影响环境质量的理论机理。现有数字经济与环境质量的相关研究，重点聚焦于信息化发展、互联网、互联网+、ICT产业等与环境污染之间的作用关系及作用程度。然而随着数字经济的深化，以往的研究结论已经不适合当前新经济背景下的绿色发展要求。有鉴于此，本书在分析数字经济与环境质量的基本特征基础上，阐述了数字经济与环境质量的内在关系，并从宏观层面较为深入地剖析了两者的内在机制，回答了数字经济为什么会影响环境质量的问题，初步构建起了数字经济影响环境质量的逻辑框架，进一步丰富了数字经济理论的相关研究成果，也为经济高质量发展背景下的绿色发展提供了可参考的理论依据。

（2）指标测度：构建了环境质量测评的多层面多指标评价体系。通过认真梳理国内外学者对环境质量的研究文献，发现以往研究在分析环境质量的影响因素时，多以狭义的环境质量即以某单一污染物作为环境的代理变量，难以真正刻画环境质量的整体性特征。环境质量是一个复杂的生态系统，需要从全面的角度去度量和分析。有鉴于此，本书以压力—状态—响应模型为基础来进行环境质量综合指标体系的构建，这样可以避免单一衡量指标的局限性，能够更为全面地反映生态环境质量，有利于对复杂系统的因果关系进行更为完整的分析。

（3）研究内容与方法：拓展了数字经济影响环境质量实证检验的视角和方法。关于数字经济与环境质量的现有研究大多聚焦于理论层面，缺少系统性的实证梳理。本书从两个方面进行实证研究，从国家层面数据构造数字经济对环境质量影响的系统动力学模型，同时处理数字经济与环境质量之间不同要素的多重反馈问题以及要素流动形成累积效应，进行系统性动态模拟分析；从城市层面分析数字经济对环境质量的影响效应，并借助“宽带中国”战略的准自然实验，来识别政府数字经济政策驱动的有效性。主要考察数字经济对环境质量的直接影响效应以及异质性，并分析数字经济对环境质量的传导路径，为相关政策的制定提供合理有效的依据。

第2章

文献综述

2.1 数字经济研究现状及热点的可视化分析

2.1.1 研究数据及研究方法

2.1.1.1 文献检索情况

为了系统全面地分析、梳理近二十年来国内外数字经济研究的发展前沿与热点，提高检索方法的科学性、检索范围的针对性，本书在文献收集整理阶段构建数字经济检索池，如表2-1所示，国内文献检索采用以下方法获取相关文献：首先以中国知网CNKI期刊库作为文献统计数据库，来源类别设定“CSSCI”，文献类型限定“期刊”，以主题“数字经济”为检索字段进行高级检索，选定文献的时间范围限制为2000年1月1日到2020年12月31日；其次以经济管理学科为范畴，对文献学科进行甄选；最后逐条梳理剔除目录、会议、报告等类型的文献以及不相关内容的文献113条，最终共获得有效文献861篇。国外文献检索选择Web of Science（classic）版本进行检索，数据库为Web of Science核心合集。首先确定检索式“(((TS=(digital economy))AND DT=(Article))) AND 语种:(English) AND 文献类型:(Article)”，索引选择SSCI、SCI-EXPANDED，由于登录服务器的终端默认Web of Science核心合集数据年限为2004至今，所以最终检索到的数据均是从2004年开始，检索数据共计2202条；其次重点对学科类别进行筛选、分析；最后逐条梳理剔除会议、卷首语、内容不全、笔谈类等不相关内容的文献以提升检索的相关性，最终共获得有效文献1993篇。

表2-1 数字经济检索池

文献	数据库	来源	文献类型	检索式	检索结果（个）	剔除依据	有效记录（个）
国内	CNKI	CSSCI	期刊	主题=数字经济 检索年限：2000~2020	974	不相关学科、正式发表文章以外的各类型文献等	861
国外	WOS核心合集	SSCI SCI-EXPANDED	ARTICLE	(((TS=(digitaleconomy)) ANDDT=(Article)) ANDDOP=(2004-01-01/2020-12-31))AND 语种:(English)	2202	重点筛查文献类别、以ARTICLE为主等	1993

2.1.1.2 方法介绍

本节采用文献计量学方法分别对上述筛选过的国内外数字经济研究领域文献的发文量、关键词、机构合作、被引分析等进行可视化分析，以期详细描述、预测该领域在国内外发展的前沿与热点、异同与发展趋势。

2.1.2 数字经济研究领域文献的整体分析

2.1.2.1 国内外年度发文量趋势分析

2004~2020年国内外数字经济研究领域CSSCI、SSCI、SCI-EXPAND收录论文的各年度发文量如图2-1所示。从国内外数字经济研究发文量的对比折线图来看，随着近几年信息技术的广泛应用，新基建的快速建设极大地加快了数字经济前进的步伐。自2017年以来，国内外数字经济研究均呈现飞速发展状态。由于国外数据检索时间范围为2004年以后，所以为更好地进行国内外数字经济研究对比，国内时间也截取2004～2020年的数据。以下对时间截取范围内的有效数据进行分析：国内数字经济发展的萌芽阶段是在2004～2011年，此时CSSCI期刊发文量十分少，均处于5篇以下，虽处于上下波动状态，但相邻年间总体数值浮动不大。将此时间段的发文量进行放大，可以看出萌芽阶段发文量少且发展缓慢，说明国内数字经济的发展尚未得到重视；国内数字经济发展的平稳增长阶段是在2012～2016年，此时的发文量开始处于一个平稳增长趋势，从折线图可以看出曲线开始有了一定的向上趋势，表明国内对数字经济的研究开始有了一定的重视；国内数字经济发展的快速发展阶段是在2017～2020年，如图2－1所示。曲线从2017年开始出现陡增，且增速越来越快，发文量于2020年达到峰值508篇，表明此时国内的数字经济研究如火如荼，该研究主题也越来越受到相关学者的关注和重视。值得注意的是，我国《2017年政府工作报告》中首次提出要促进数字经济加快成长，意味着数字经济受到国家层面关注。因此，国内对于数字经济的重视在很大程度上受到了政策的影

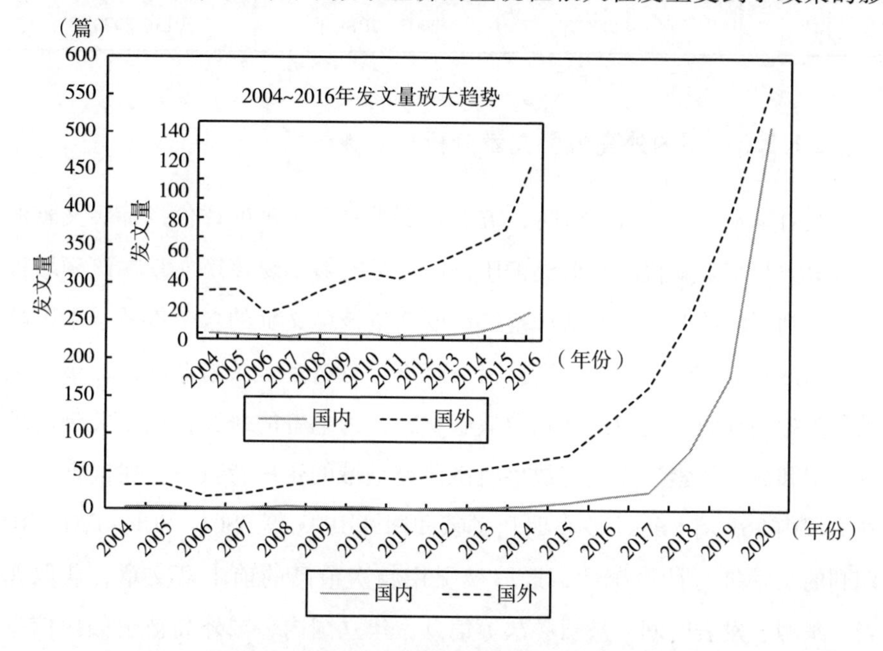

图2－1 国内外数字经济研究发文量趋势对比

响。国外数字经济发展研究在 2006 年以前还处于萌芽阶段，发文量较少，起伏波动不大；国外数字经济发展的平稳增长阶段是在 2007 ~2014 年，此时发文量数据开始出现曲线上升趋势，但增长比较平缓，相较于国内这段时期的数据变化，显然国外早已经开始重视并关注数字经济研究领域的发展与动态；2015 年以后，发文量开始呈现出迅猛增长的趋势，增幅越来越大，但增长陡幅相较于国内趋于平滑稳定，表明国外对数字经济的发展逐渐趋于成熟并引起了相关学者的足够重视。

总体来看，国内外数字经济研究发文量在 2017 年以后已形成追赶模式，国内外差距逐渐缩小，这表明国内在数字经济研究领域的发展出现质和量的突变，这与新一代信息技术取得的新突破、新基建的应用以及国家政策的大力支持密不可分。

表 2 –2　国内外数字经济研究发展阶段

	萌芽阶段	平稳增长阶段	快速发展阶段
国内	2004 ~2011 年	2012 ~2016 年	2017 ~2020 年
国外	2004 ~2006 年	2007 ~2014 年	2015 ~2020 年

2.1.2.2　国内外高被引文献分析

在对学术文献进行分析时，被引频次是一个客观的评价指标。文献的被引次数与其学术权威性形成正比，该指标能够反映该篇文献在该领域被关注和利用的情况，以此从计量的角度衡量该篇文献的含金量及学术影响力。因此对数字经济领域的高被引文献进行分析是至关重要的，高被引文献作为相关领域研究理论基础的核心材料，为笔者的研究提供了关键的理论基础和分析线索。在选定数字经济研究领域的主题背景下，对前期收集到的国内 861 篇 CSSCI 核心期刊文献和国外 1993 篇 SSCI、SCI – EXPAND 期刊的文献进行计量统计，选取被引用频次最高的前十篇文章，获取作者、来源、发表时间、被引频次等信息，建立国内、国外高被引频次信息如表 2 –2 和表 2 –3 所示。

表 2-3　　国内高被引频次信息

序号	题名	作者	来源	发表时间(年)	被引(篇)
1	数字经济、普惠金融与包容性增长	张勋；万广华；张佳佳；何宗樾	经济研究	2019	297
2	国外数字经济发展趋势与数字经济国家发展战略	逄健；朱欣民	科技进步与对策	2013	150
3	新时代我国经济高质量发展动力转换研究	陈昌兵	上海经济研究	2018	127
4	数字经济的政治经济学分析	裴长洪；倪江飞；李越	财贸经济	2018	124
5	数字经济促进经济高质量发展：一个理论分析框架	荆文君；孙宝文	经济学家	2019	106
6	认识分享经济：内涵特征、驱动力、影响力、认识误区与发展趋势	分享经济发展报告课题组；张新红；高太山等	电子政务	2016	106
7	中国分享经济发展现状、问题及趋势	张新红；于凤霞；高太山等	电子政务	2017	95
8	数字贸易及其时代价值与研究展望	马述忠；房超；梁银锋	国际贸易问题	2018	94
9	数字贸易：发展态势、影响及对策	李忠民；周维颖；田仲他	国际经济评论	2014	83
10	中国数字经济高质量发展的靶向路径与政策供给	刘淑春	经济学家	2019	81

分析发现，在数字经济研究领域被引用次数前十名文献中，成果涵盖了数字经济的内涵特征、现状问题，以及发展趋势，热点多关注于数字金融、数字贸易、分享经济、经济高质量发展等领域；尤其关注数字经济下经济高质量发展、普惠金融等内容，强调在数字经济高速发展的环境下，数字金融、数字贸易、分享经济的发展路径、趋势以及经济高质量发展的政策环境。

在国内数字经济高被引文献信息表中，被引频次靠前的主要是来自经济学学科。数字经济发展的规模和边界不断向各行业领域延伸，从新媒体到教育行业，再到工业智能制造领域，数字经济无时无刻不在创造新的发展制高点。在数字经济时代，新技术的应用创新成为激发经济活力和凝聚经济动力的“锦囊”。当前新兴技术的商业化重点是创造和抢占新技术主导应用范式（逄健等，2013），从而推动产业结构升级和实现经济发展。随着信息技术的快速更新和互联网革命深入发展，世界各国纷纷将数字经济作为发展的引擎，加大对数字经济领域的战略部署。在数字贸易领域，李忠民等（2014）指出产业结构的优化升级，新技术、新机制、新需求的出现推动了数字贸易的发展，数字贸易的对象在互联网技术的依托下形式和数量不断增加。马述忠等（2018）指出数字贸易促进了传统贸易与数字经济时代的融合，推动新形势下智能制造产业的建设与发展。而在数字金融领域，数字经济作为互联网与金融的结合体，极大地推动了普惠金融，促进了经济的包容性增长。具体表现在居民家庭收入的提高，为更多的农村低收入人群提供了更佳的创业致富机会，进而缩小了贫富差距，推动了社会公平（张勋等，2019）。

数字经济是一种高级的经济形态，它在资源配置、渗透融合、协同治理等方面发挥了巨大的作用。裴长洪（2018）以政治经济学为出发点，指出数字经济以信息技术不断更新的步伐逐渐与传统经济发展模式融合，促进全要素生产率的提高，产生了许多基于互联网交易的新兴平台企业。在平台企业发展逐步成熟的过程中，共享经济和分享经济随着价值的转移而萌生，二者均是提高全要素生产率的一种具体表现。共享经济强调的是使用权的共享，供给者与消费者的关系在一定程度上可以实现相互转换；分享经济本质则是以租代买，是物品的支配权与使用权的分离。分享经济报告课题组（2016）指出生产能力的分享将逐渐成为分享经济的领头羊。数字经济带来的分享经济将以新兴的基建、设备和设施的面貌进入社会，促进传统企业转型，培养新的发展动能，带来新的发展机遇，为智慧城市和智能制造企业的建设创造巨大活力（张新红，2016）。

近年来，国内学者也开始专注于研究数字经济对于经济高质量发展的影响。陈昌兵（2018）指出我国经济高质量发展的根本在于提高劳动生产率和全要素生产率，以创新驱动为主力军，从规模经济向高质量发展转变。而在当前，任何与经济产生联系的事物几乎都离不开互联网和信息技术。伴随着信息技术的更新换代，一方面增加要素的投入；另一方面创造新的生产要素，相互交替，不断提高产出水平，创造新的需求，实现新的发展。而这种相互交替是数字经济与传统经济快速结合的过程，在不久后或将来，数字经济将主导经济市场，并且将向着高质量的水平发展（荆文君等，2019）。但中国的数字经济还存在着一定的发展瓶颈，具体表现在缺少核心技术、创新能力不足、信息匮乏等。刘淑春（2019）以数字技术为切入点，指出要想实现高质量发展，必须要在核心技术上下狠功夫，打造“数字产业化”和“产业数字化”发展平台，加强数字技术与三大产业的深度融合。除此之外，还要构建数字经济高质量发展模式下的政策环境，制定协同共治下的监管和多元治理机制（见表2－4）。

表2－4 国外高被引频次信息

序号	题名	作者	来源	发表时间（年）	被引（篇）
1	Current trends in Smart City initiatives：Some stylised facts	Neirotti，Paolo；De Marco，Alberto；Cagliano ect	CITIES	2014	806
2	Bitcoin and Beyond：A Technical Survey on Decentralized Digital Currencies	Tschorsch，Florian；Scheuermann，Bjoern	IEEE COMMUNICATIONS SURVEYS AND TUTORIALS	2016	491
3	High Resolution Fossil Fuel Combustion CO_2 Emission Fluxes for the United States	Gurney，Kevin R.；Mendoza，Daniel L. ect	ENVIRONMENTAL SCIENCE & TECHNOLOGY	2009	312
4	The cost of additive manufacturing：machine productivity，economies of scale and technology－push	Baumers，Martin；Dickens，Phil；Tuck，Chris ect	TECHNOLOGICAL FORECASTING AND SOCIAL CHANGE	2016	241
5	China's manufacturing locus in 2025：With a comparison of Made－in－China 2025 and Industry 4.0	Li，Ling	TECHNOLOGICAL FORECASTING AND SOCIAL CHANGE	2018	223

续表

序号	题名	作者	来源	发表时间（年）	被引（篇）
6	Price determinants of sharing economy based accommodation rental: A study of listings from 33 cities on Airbnb. com	Wang, Dan; Nicolau, Juan L.	INTERNATIONAL JOURNAL OF HOSPITALITY MANAGEMENT	2017	208
7	Industry 4. 0 and the circular economy: a proposed research agenda and original roadmap for sustainable operations	Lopes de Sousa Jabbour, Ana Beatriz; Chiappetta Jabbour, Charbel Jose ect	ANNALS OF OPERATIONS RESEARCH	2018	204
8	Performing the sharing economy	Richardson, Lizzie	GEOFORUM	2015	203
9	Intelligent Image Monitoring Technology of Marine Environmental Pollution Information	Chen, He; Li, Wenpan; Xie, Xin	JOURNAL OF COASTAL RESEARCH	2020	202
10	ICT and productivity: conclusions from the empirical literature	Cardona, M.; Kretschmer, T.; Strobel, T	INFORMATION ECONOMICS AND POLICY	2013	198

对于外文文献，数字经济领域被引用次数前十名的文献主要研究内容如下：内伊罗蒂等（Neirotti et al.，2014）研究指出智慧城市的发展与经济发展和城市结构变量密切相关，社会经济发展和城市结构变量将会对城市的数字化路径、智慧城市战略的地理位置、人口密度等问题产生重要影响，对实施智慧城市方针策略产生关键作用。乔施和舒尔曼（Tschorsch & Scheuermann，2016）提出比特币对数字货币领域带来的巨大变革，影响了许多邻近的领域，如新兴经济形态和现象的出现。格尼等（Gurney et al.，2009）以精细的空间和时间分辨率量化化石燃料 CO_2 排放量，并利用实证分析指出随着信息技术在社会经济的深入应用，电力部门、工业、住宅等领域排放的 CO_2 大幅度增加，并认为 CO_2 排放量已成为碳循环和气候变化研究的一项关键需求。鲍默等（Baumers et al.，2016）认为增材制造将对制造业乃至更广泛的社会产生深远的经济影响，增材制造系统作为数字制造技术领域的一部分，能够直接利用原材料和 3D 设计数据制造 3D 组件和

产品，进而实现规模经济，推动数字技术创新发展，减少制造成本，降低环境污染。李（Li，2018）明确了“中国制造2025”目标、措施和行业重点，指出其原则是利用创新驱动制造提高产业发展，重质轻量，实现绿色制造，以期在未来发展中将数字技术与经济发展有效融合，搭建新的工业生产环境，从而实现低环境成本和高利润。王等（Wang et al.，2017）以“共享经济”作为研究的视角，得出数字市场中基于共享经济的住宿供应价格决定因素为房东属性、场地和物业属性、设施和服务、租赁规则、在线评论和评级数量。德·索萨·雅布尔和阿布尔（De Sousa Jabbour & Abbour，2018）提出在可持续生产和经济发展的背景下，循环经济是一种新的商业思维模式，并从资源稀缺性、环境影响和经济效益三个角度去揭示循环经济，认为循环经济包括两个关键循环：生物循环和技术循环。生物循环能够降低资源的耗损量，利用可再生材料，通过重复利用能源和有机废物来实现生态系统的资源再生。技术循环则重点关注以循环策略的层次结构延续产品的使用周期。理查德森和利齐（Richardson & Lizzie，2015）提出共享经济围绕通过数字平台促进的活动而聚集，有关资源参与、获取和生产的问题需要重视共享经济，共享经济对促进经济的“数字”转型具有重要意义。陈等（Chen et al.，2020）以环境、经济和技术为视角对沿海地区的可持续发展进行相关研究，通过利用新兴的数字技术去解决更为广泛的环境问题；通过对收集到的数据进行计算和处理，达到对海洋环境污染的实时监控，以期实现全方位高精度的严密把控，降低海洋环境污染。卡多纳和克雷奇默（Cardona & Kretschmer，2013）指出信息通信技术（ICT）对经济增长和生产率的贡献比早期更大，创新是实现经济持续发展的关键动力，ICT必须与各行业领域深度结合起来才能发挥其应有的效应；ICT的溢出效应和外部性对经济发展和生产率产生重要的影响，其成功与创新和流程再造密切相关。

2.1.3　数字经济研究脉络梳理

运用CiteSpace分析国内外数字经济的研究现状，得出数字经济研究领域、研究机构、作者合作知识图谱、关键词共现网络图谱和热点突变图。

2.1.3.1 国内外核心作者分布

通过发文作者和机构的可视化分析能够判断出这一研究领域研究队伍、机构和地区的分布情况。

通过 CiteSpace 软件分析国内核心作者分布，设置时间年限为 2000 ~ 2020，时间切片默认为 1 年，节点选择作者进行“GO”操作，结果得到节点共计 618 个，连线条共计 460 条，密度为 0.0024，数字经济研究领域 CSSCI 论文核心发文作者分布见图 2 - 2。可以得出节点数最大的学者为戚聿东，陈兵、肖静华、何大安、蓝庆新、谢康、吴瑶、杨东、任保平等位列其后。由于学者间的相互交流与合作，部分作者之间形成了较为稳定的学术合作关系，其中，以张新红、高太山、蔡丹旦、郝凯等人为中心的连线图尤为紧密，说明该连线部分的人员学术联系十分紧密，研究团队也彼此联系紧密，力量相对比较集中。其他高产的作者合作关系网络密度比较低，主要表现为以肖静华为首、以戚聿东为首的合作网络；形成单独节点

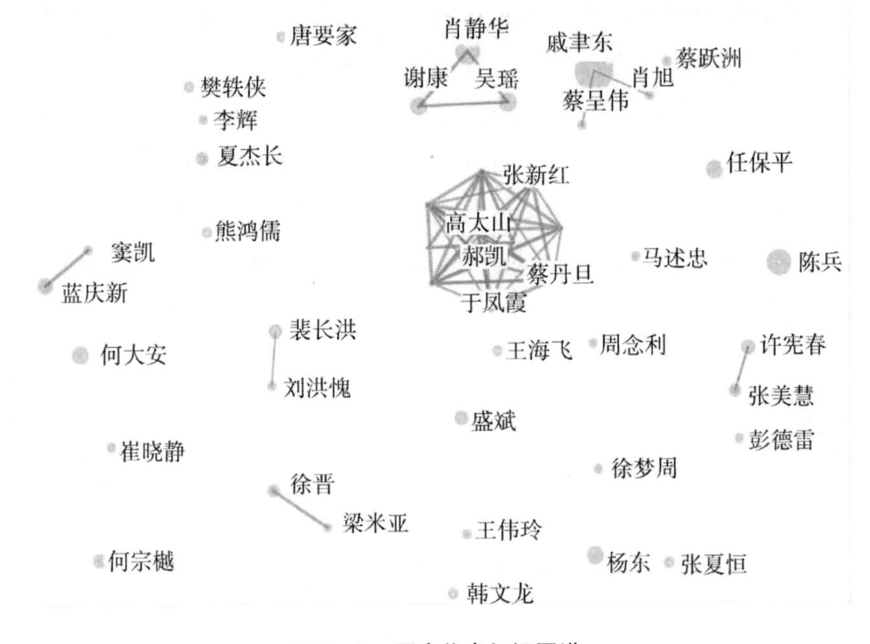

图 2 - 2 国内作者知识图谱

的作者比较多，其中有节点数比较大的如陈兵、何大安、任保平、杨东等，这也表明了我国学者在数字经济领域的合作与交流亟待加强。

通过 CiteSpace 软件分析国外核心作者分布，数字经济研究领域 CSSCI 论文核心发文作者分布如图 2－3 所示。分析国外核心作者分布可知，节点数最大的学者为 Chihiro Watanabe，Pekka Neittaanmaki、Mark Graham、Rita Remeikiene、Ligita Gaspareniene 等位列其后。网络图中形成的节点连线图很少，单点节点比较多，说明国外众多研究学者在数字经济领域的合作交流联系甚少。另外还可以看出国外在数字经济领域研究形成了三个明显的合作网络，一是以 Chihiro Watanabe 为首的研究团队，主要是围绕数字经济下数字服务平台、数字经济发展中存在的生产悖论、产业转型与发展等内容进行探析；二是以 Mark Graham 为首形成的合作网络关系，重点讨论数字化劳动、平台经济、数字和知识经济等方面的内容；三是以 Rita Remeikiene 和 Ligita Gaspareniene 为代表的团队，首次提出数字影子经济的概念，重点关注数字影子经济的发展，构建评估指标，利用 MIMIC 模型估算数字影子经济。

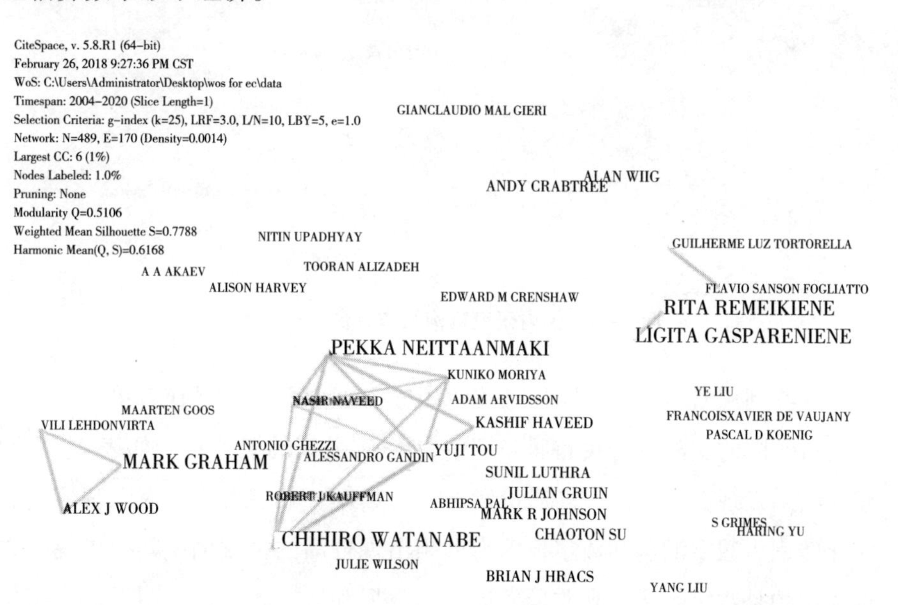

图 2－3　国外作者知识图谱

2.1.3.2 研究机构及作者合作知识图谱

为了能够更直观地看到各机构分布与作者的关系，运行 CiteSpace，选择节点作者与机构，在控制面板中设置频数阈值为 3，构建国内研究机构及作者合作知识图谱，如图 2－4 所示，形成以中国社会科学院、北京师范大学经济与工商管理学院、北京大学经济学院、中山大学管理学院、西北大学经济管理学院等为主要的核心机构圈和研究团队。其中最主要核心圈是夏杰长、杨智勇、杨涛、吕铁等组成的中国社会科学院的研究团队。

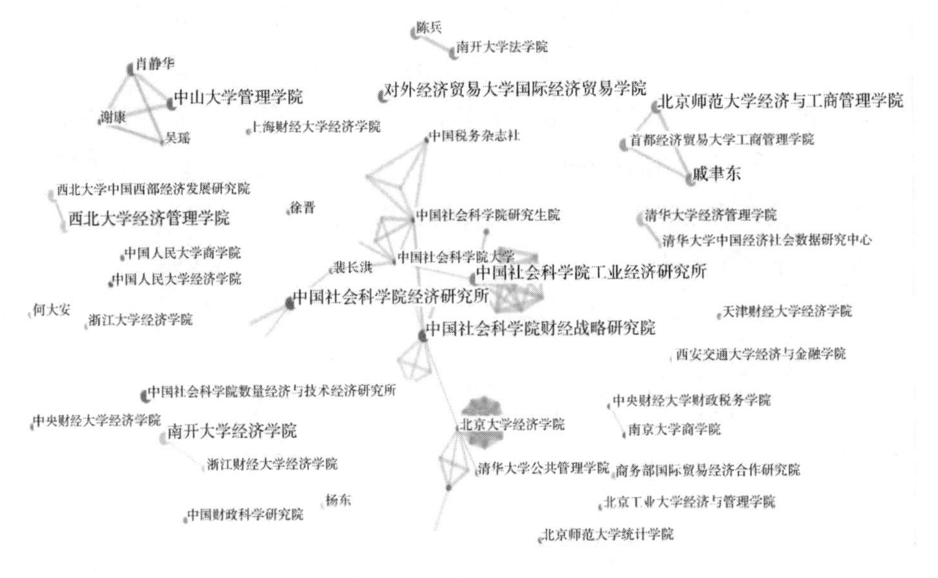

图 2－4　国内研究机构及作者合作知识图谱

继续利用 CiteSpace 对前文数据库中数字经济研究领域作者单位为中国社会科学院的文献进行关键词统计，取频次最高的前 8 位，如表 2－5 所示。结果发现数字经济、高质量发展、大数据、数字贸易、人工智能、数字化转型、数字鸿沟和数字技术为词频出现较高的关键词，其中出现频数前 4 位的是数字经济、高质量发展、大数据和数字贸易，表明近二十年来数字经济研究领域的主要方向集中在这四个方向。

表2－5　关键词频分布统计

序号	关键词	频次	序号	关键词	频次
1	数字经济	448	5	人工智能	26
2	高质量发展	51	6	数字化转型	24
3	大数据	34	7	数字鸿沟	21
4	数字贸易	30	8	数字技术	20

此外北京师范大学的戚聿东、中山大学的肖静华、南开大学的陈兵等也是该领域研究的主要学者，其中戚聿东主要从事数字化转型、数字技术等方面的研究；肖静华、吴瑶等人组成的团队重点对数字驱动下的产品、组织结构和技术等各方面进行深入的探析；南开大学的陈兵主要关注数字经济下数据共享、数据安全、隐私保护和人工智能等方面的内容。研究机构及作者合作知识图谱中除了中心的连线密集外，周围分布的零散高校较多，且无连线。节点连线越多，表示机构之间的联系程度越高，反之亦然。数字经济领域的研究主要还是以高校为主，但是各个高校之间的合作交流非常少，表明各个高校之间缺乏合作交流意识，机构、作者之间的研究互动有待加强。

利用CiteSpace对国外研究机构及作者进行可视化操作，得到图2－5。知识网络图谱呈现出几个比较明显的关键性研究机构，例如，以牛津大学、剑桥大学、曼彻斯特大学和诺丁汉大学等为核心的研究机构和团队。通常来说，节点标签的大小和粗细表示该节点在图中的作用和意义的关键性（Chen C.，2017），图2－5中节点标签最大、最粗的是牛津大学，表明牛津大学作为一个高产研究机构，在数字经济领域的研究文献篇数最多，成果最为丰硕，与其他作者或机构合作最为频繁与密切。通过图谱分析可以发现，以牛津大学为连接中点已形成一个有27个关联对象的核心圈，他们围绕平台经济、数字经济劳动、数字经济下互联网行业劳动者和平台劳动者面临的困境等展开了一系列的探讨。

国外研究机构及作者合作关系由各节点之间的连线来表示，其中图2－5中节点之间连线的粗细表示机构或作者之间合作次数的多少，从图2－5中可以看出3个比较明显的合作团队，一是由亚利桑那州立大学、悉尼大学

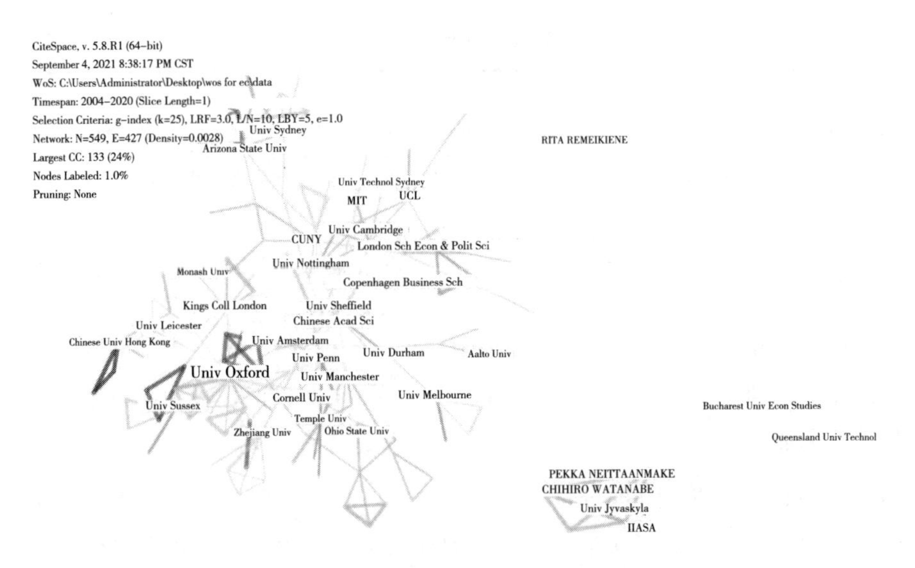

图2-5　国外研究机构及作者合作知识图谱

和纽约大学等研究机构组成的团队，主要以电子商务带来的经济发展、互联网平台商业模式的转变等方面进行数字经济发展的剖析；二是由卡内基梅隆大学、加州州立大学长滩分校等组成的团队，主要从事经济发展中新兴技术方面的研究，例如，新兴技术对互联网经济的驱动作用、云计算对数字经济发展的创新与作用等；三是由密德萨斯大学、维也纳大学政治科学研究所等组成的团队，重点对共享经济、互联网经济和数字技术等方面进行深入分析。

与国内研究机构及作者合作网络图一致，国外在研究机构的分布上主要还是以高校为主，不同的是国外研究机构及作者合作知识图谱中节点连线比较密集，除了几个单独零散节点外，周围分布的高校之间连线比较密切，说明国外各个高校之间合作交流意识相较于国内比较高。

2.1.3.3　数字经济关键词共现知识图谱分析

关键词是反映一篇文献核心主题的关键要素，关键词的提炼与选择是研究者用以表达核心思想的重要途径，通过对关键词的频数和中心性进行研究可以探测某一研究领域的热点（张艺等，2015）。运行 CiteSpace，选择节点 KEYWORD，年限切片选择 1，图谱修剪方式选择“Pathfinder”“Pruning sliced networks”“Pruning the merged network”。

为确保经过 CiteSpace 可视化分析过后的关键词能够符合研究主题，需要对关键词进行取舍，国内文献中对“经济高质量发展”和“高质量发展”、“数字产业化”与“产业数字化”分别进行同义词合并，得出数字经济研究领域知识图谱，如图 2 - 6 所示。为更加清楚地了解其信息，汇总选取国内数字经济研究领域出现频次位于前 10 位的关键词，列出部分关键词的频次和中心度。

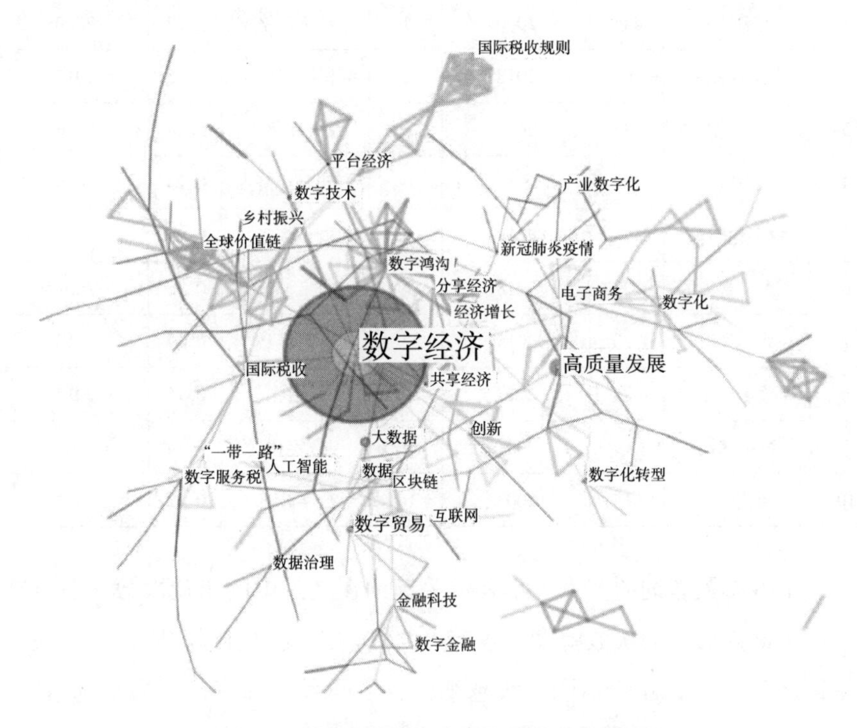

图 2 - 6 国内数字经济研究关键词共现网络

关键词的中心度用于衡量各节点在知识图谱中的重要程度，映射其媒介能力。各节点的标签圆圈大小不同，且外圈的颜色和粗细均有差异，带有紫色外圈的节点表示其中心度相对于其他节点较高，另紫色外圈厚度越厚，则表示关键词的中心度越高（肖国芳和李建强，2014）。由表 2 - 6 可知，中国数字经济研究中，高频关键词和高中心度关键词存在部分重合。数字经济、国际税收、共享经济、数字鸿沟、数字化、数字技术、平台经济和人工智能等关键词的出现频次和中心度相比于其他关键词较高，说明这些关键词是近二十年来数字经济研究的热点。“数字经济”“国际税收”“全球化”“共享经济”“电子商务”的中心度分别为0.57、0.35、0.24、0.23、0.21，是数字经济研究领域中具有较强影响力的关键词。

表2-6　国内数字经济研究领域部分关键词频度、中心度及年份信息

序号	关键词	频数	首次出现年份	序号	关键词	中心度	首次出现年份
1	数字经济	446	2000	1	数字经济	0.57	2000
2	高质量发展	63	2018	2	国际税收	0.35	2015
3	大数据	33	2017	3	全球化	0.24	2016
4	数字贸易	29	2014	4	共享经济	0.23	2015
5	数字化转型	24	2018	5	电子商务	0.21	2000
6	人工智能	23	2018	6	数字鸿沟	0.18	2001
7	共享经济	20	2015	7	分享经济	0.17	2016
8	数字技术	20	2013	8	大数据	0.15	2017
9	数字鸿沟	19	2001	9	数字化	0.14	2003
10	数字化	18	2003	10	数字技术	0.12	2013

图中各类关键词的节点大小表示关键词在文献中的出现次数，节点越大，则关键词出现的次数就多；各节点之间的连线的粗细不同，又反映了关键词之间共现的程度不同，线越细，表示联系越稀疏，反之则越紧密。如图2-6所示，整个数字经济研究中，关键词共现知识图谱以“数字经济”关键词为核心，以“高质量发展”“数字鸿沟”“共享经济”为Hub节点，基本呈现出放射型发散形态。纵观国内知识图谱，整体较为分散，各关键词之间的耦合度较低，且周围分布的研究分支较多。

通过运行CiteSpace，选择与国内相同的运行参数，为了使关键词更切合研究方向，对部分名词术语、动词等不相关词类进行排除，例如，去除

city、system、impact、work、management、politics、future stra china 等词语，最后得到国外数字经济研究关键词共现网络图（见图2-7），汇总国外数字经济研究领域出现频次位于前10位的关键词，如表2-7所示。可知，国外数字经济研究关键词出现次数较多的是创新（innovation）、信息技术（technology）、经济（economy）、互联网（internet）、数字经济（digital economy），说明在过去十几年中，这几类关键词和研究趋势得到了国外学者的重点关注。中心度越高，则表示该节点即关键词受到学者的关注度越高，反之则越低。再根据中心度的大小进行排序，得到前十位中心度较高的关键词，如表2-7所示，主要包括互联网（internet）、信息技术（technology）、数字鸿沟（digital divide）、创新（innovation）、大数据（big data）、电子商务（electronic commerce）、经济发展（economic development）、数字经济（digital economy）、环境（environment）等，说明这些关键词所代表的各类节点在整个关键词共现网络中的媒介能力较强。

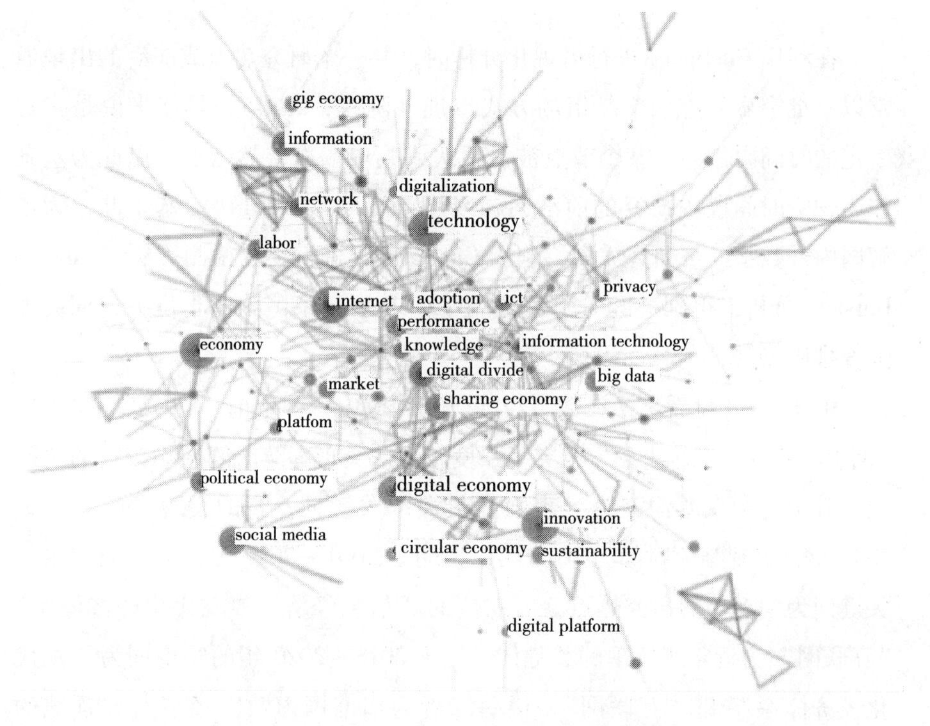

图2-7 国外数字经济研究关键词共现网络

表 2-7　国外数字经济研究领域部分关键词频度、中心度及年份信息

序号	关键词	频数	首次出现年份	序号	关键词	中心度	首次出现年份
1	innovation	161	2004	1	internet	0.2	2004
2	technology	156	2005	2	technology	0.18	2005
3	economy	144	2005	3	digital divide	0.11	2004
4	internet	140	2004	4	globalization	0.11	2006
5	digital economy	110	2004	5	electronic commerce	0.11	2004
6	sharing economy	106	2015	6	information technology	0.1	2004
7	information	93	2010	7	innovation	0.09	2004
8	big data	83	2015	8	economic development	0.09	2006
9	social media	79	2012	9	digital economy	0.07	2004
10	political economy	73	2010	10	environment	0.05	2015

2.1.3.4 数字经济领域研究前沿分析

在利用 CiteSpace 进行可视化分析时，某一个研究热点或前沿的出现通常以一批突变的施引文献组的方式出现（陈悦，2014），具体来说是指在一定的时间限额内，某个节点被引频次或共现频次突然增加，以此为基础作为这个时间段内研究的前沿问题或热点（邱淞，2014）。基于此，为了解国内外数字经济研究方向，利用 CiteSpace，进行突变检测算法（Citation Bursts）分析，得到关键词突变图。图 2-8 展示了国内前十位关键词突现强度排序榜。

由图 2-8 可看出，在数字经济研究领域中，图中前三位“数字鸿沟”“网络经济”“信息社会”为突现强度较大、突现存续时间间隔较长的关键词，其中“数字鸿沟”为突现强度最大的关键词，它的突现开始时间为 2001 年，突现结束时间为 2012 年，说明在 2001～2012 年，数字鸿沟这一关键词为学者们的研究热点。后三位的“信息经济”“现代化经济体系”“互联网”为近年来突现的关键词，其中 2018～2020 年的突现词为“现代化经济体系”和“互联网”，说明二者为当前国内数字经济研究领域的热点。

引用爆发率最高的前10个关键词

Keywords	Year	Strength	Begin	End	2000~2020年
数字鸿沟	2000	7.66	2001	2012	
网络经济	2000	2.69	2001	2016	
信息社会	2000	2.54	2002	2017	
共享经济	2000	4.93	2015	2018	
互联网+	2000	2.61	2015	2018	
国际税收	2000	2.1	2015	2016	
分享经济	2000	4.78	2016	2017	
信息经济	2000	2.46	2016	2017	
现代化经济体系	2000	2.68	2018	2020	
互联网	2000	2.09	2018	2020	

图 2－8　国内数字经济研究关键词突现强度

从国外的关键词突现图 2－9 中可以看出，"internet""digital divide"是国外数字经济的早期研究前沿，其中"internet"为突现强度最大的关联词，并且存续时间较久。digital divide，即数字鸿沟，在 2005～2012 年间突现的时间节点与国内部分重合，说明 2005～2012 年，数字鸿沟这一关键词均引起国内外学者的关注。2019～2020 年，区块链（blockchain）作为新兴热点突现强度高，说明区块链这一数字技术的出现和应用在近年来引起了国外学者的高度关注。

引用爆发率最高的前10个关键词

Keywords	Year	Strength	Begin	End	2000~2020年
internet	2004	12.37	2004	2013	
digital divide	2004	8.56	2005	2012	
digital media	2004	5.24	2010	2016	
media	2004	4.91	2010	2017	
geography	2004	5.54	2012	2016	
creative economy	2004	4.89	2013	2015	
network	2004	4.51	2013	2017	
social media	2004	5.66	2014	2016	
law	2004	4.53	2018	2018	
blockchain	2004	4.73	2019	2020	

图 2－9　国外数字经济研究关键词突现强度

通过对数字经济领域研究脉络的梳理与可视化分析，可以发现国内外学界对于数字经济研究大多集中在信息技术、互联网、共享经济、数字鸿沟和ICT等方面，对数字经济的目标导向、发展机制、技术研究等方面的认识不断加深，数字经济已经成为经济高质量发展的重要引擎。数字经济对环境质量也有着深远的影响。例如，环境污染、水污染、工业活动和社会生产都是影响环境质量的重要因素，其中工业生产运作中产生的一系列废水、废气、工业垃圾是环境污染的最大来源。而在工业可持续发展中，数字经济又扮演了重要的角色，如工业数字化、工业新技术等。一方面，数字经济提高了工业生产的效率，加速了工业数字化生产；另一方面，工业的进一步发展导致了大量的能源消耗和工业污染。数字经济又以另一种方式改善环境污染，提高环境质量，例如，数字技术在环境治理中的应用，大大地降低了环境污染排放量。因此，厘清数字经济与环境质量的关系至关重要。值得注意的是，通过前文对国内外数字经济的文献综合分析，环境质量在数字经济领域中与其他的关键词共现程度很低，说明国内数字经济对环境质量的影响研究探讨并不是很多，尽管国外已经开始逐渐重视从新一代信息技术的应用层面来分析其对环境的作用机制。而在数字经济时代，如何利用数字经济促进经济社会的绿色可持续发展已成为产业经济学与环境经济学的一个重要问题。本书以数字经济为视角，探讨其对环境质量的影响具有一定研究意义。

2.2 数字经济与环境质量测度研究

2.2.1 数字经济的构成及其测度研究

在数字经济时代，数字经济发展水平成为衡量一个国家经济竞争力和现代化程度的重要标志。因此，对于数字经济发展水平的测度显得尤为重要，但如何构建精准有效的数字经济评价方法值得进一步分析研究。由于各国对数字经济的定义不尽相同，对数字经济产业划分也有不同，且数字经济发展迅速，伴随着新商业新业态的不断产生和涌现。因此，当前研究者、相关部门和机构对数字经济发展的测算方式、内容和结果都存在一定区别。通过文献研究发现，当前对数字经济的测算方式主要为两类。

（1）数字经济规模存量测算法。数字经济规模存量测算法是指在数字经济框架下，通过研究数字经济对经济的影响机制来分析和估算出某年某范围内的数字经济规模存量，目前的研究主要聚集在国家层面的数据测算。例如：美国商务部（BEA）在 2003 年编制的数字经济测算方案是以数字经济产业化为核心，即通过 SNA 核算体系及数字经济产业的分类标准来对数字经济存量进行测算。其原因主要是数字经济与实体经济融合，影响了经济产业的方方面面，难以单独将数字经济拆分出来。除此以外，数字经济产业为数字经济活动提供了关键的要素和投资，并构造了数字经济的核心部门，对数字经济产业的测算就能够代表数字经济现状和趋势。2018 年，美国商务部将数字经济存量的测算分为三个层面：首先通过对数字经济概念进行界定；其次是从投入产出视角来识别出与数字经济相关的产品和服务；最后通过供应和需求视角来界定与数字经济产品和服务相关的行业，并测算出相关行业经济活动的产出和增加值等内容（徐清源，2018）。

国内对于数字经济的测算研究始于 2008 年，但从 2017 年后才开始得到重视并逐渐增多，并在近两年呈快速发展的趋势。这主要是因为 2017 年数字经济的发展上升到国家战略层面。康铁祥（2008）将数字经济划分为数字产业化增值与利用数字技术来实现活动改造的增值，并通过分析非数字化产业对数字产品和服务中间消耗与总消耗的占比来测算数字化辅助活动的增值。中国信息通信研究院发布的《中国数字经济发展白皮书》则将数字经济划分为数字产业化和产业数字化。数字产业化规模存量用数字产业化以及数字技术的广泛融合渗透所带来的新兴行业的增加值来测算。产业数字化则是通过测算数字技术对一二三产业增加的边际贡献来作为数字经济规模存量的一部分。蔡跃洲（2018）认为可以通过生产法和支出法来核算效率提升部分以外的数字经济增加值，并通过加总得到数字经济增加值总规模。许宪春和张美慧（2020）则通过构建框架来定义数字经济相关产品、产业和测算范畴，并假设数字经济中间投入与其产出占比等于相应产业中间投入与产出占比，从而测算我国数字经济增加值。

数字经济规模存量测算法虽然在测算数字经济的规模和体量方面更为合理有效，但缺少可比性，且主要集中于国家级层面的核算，对于省级、市级等次级层面区域的可操作性较差。除此以外，由于数字经济与实体经济已经深入融合，现有宏观统计也很难精确反映出数字经济推动产业结构升级和效率提升所带来的产业增值，这也导致了数字经济规模测算的实际困境。

（2）数字经济多维度评价指标体系法。该测算方法主要是通过构建数字经济指标体系，并利用统计或计量手段对指标体系进行测算得到数字经济发展指数和水平。例如，2014 年，经济合作与发展组织（Organization for Economic Co - operation and Development，OECD）出版的报告《测算数字经济：一个新视角》将数字经济分为“智能基础设施投资”“社会活力发展”“创新创造能力释放”“促增长带就业”等层面。OECD 的数字经济政策委员会指出数字经济测算标准应包括以下几方面：①ICT 专利、ICT 产业和产品、电子商务等；②采用以互联网为基础的统计数据；③构建企业和个人层面的 ICT 利用调查模型等（Spiezia，2015）。2015 年，欧盟构建的数字经济和社会指数从更广的范畴来测算数字经济（Baller S. et al.，2016），其将数字经济体系划分为宽带普及、人力资本、互联网应用、数字经济应用及服务程度五个层面，从而测算综合指数（Europe communities，2005）。

近年来，国内有影响力的智库和研究机构也开始发布有关数字经济指数的相关报告。赛迪顾问于 2017 年发布的《中国数字经济发展指数白皮书》，通过对数字经济发展的趋势和特征进行分析的基础上，将数字经济划分为基础型、资源型、技术型、融合型和服务型五个维度；2020 年发布的白皮书则将数字经济发展指数的维度划分为数字经济内涵构成、数字经济发展要素与数字经济民众参与三大部分，相较于 2017 年的指标体系覆盖更加宽泛。上海社科院发布的《全球数字经济竞争力指数》将数字经济划分为主体产业和融合应用两个层面，并通过对其他一些国家的数字经济发展数据进行类比，从而构建了基于数字设施、数字产业、数字创新、数字治理四维度的数字经济体系。

近两年国内学者对数字指标体系的测算研究也较为丰富。以下选取一些具有代表性文章，这些文章从不同角度构建了我国数字经济发展评价指标体系，并对数字经济发展问题从不同层面进行了分析。可以发现，当前的指标体系主要还是围绕数字基础设施、互联网、电子商务、数字经济应用、数字产业化、产业数字化等方面进行构建。

表 2－8　　代表性文献数字经济指标体系汇总

文献来源	维度	变量名称	测算方法和对象
余姗、樊秀峰、蒋皓文（2021）	数字基础设施建设	IPV4 地址比重	主成分分析法 省级数据测度
		万人域名数	
		长途光缆线路长度	
	数字经济普及程度	互联网上网人数	
		移动电话用户数	
	网络信息资源	网页数	
		每个网页平均字节数	
	数字经济商务化	快递业务总量	
		信息传输、软件和信息技术服务业人数	
周慧、孙革、周加来（2022）	产业数字化	采用企业信息化管理数	熵权法 省级数据测度
		利用互联网进行生产经营企业数	
		利用互联网进行推广和宣传的企业数	
		有电子商务企业数	
	数字产业化	电子及通信设备制造业营业收入	
		电子及通信设备制造业企业数	
		电子及通信设备制造业从业人员平均人数	
		互联网域名数	
戚聿东、刘翠花、丁述磊（2020）	互联网和电信业发展	互联网普及率	未整合测算 省级数据测度
		电话普及率	
		长途光缆线路长度	
		邮电业务总量	
	软件业发展	软件业务收入	
	电商零售业发展	快递业务收入	
		网上零售额	
		快递业务量	
	科学技术业发展	专利申请授权数	
		规模以上工业企业专利数	

续表

文献来源	维度	变量名称	测算方法和对象
柏培文、张云（2021）	数字产业	信息传输、计算机服务和软件业就业人数占比	算术平均法 市级数据测度
		软件业务收入	
		信息传输、计算机服务和软件业占全社会固定资产比重	
	数字用户	移动电话普及率	
		电信业务总量	
		人均互联网宽带接入用户数	
		电子商务交易额对数	
	数字创新	5G 产业专利授权数	
		工业互联网专利授权数	
		电子商务专利授权数	
	数字平台	域名数	
		网民数	
		网站数	
赵涛（2020）	互联网普及率	百人中互联网宽带接入用户数	主成分分析法 市级数据测度
	相关从业人员情况	计算机服务和软件业从业人员占城镇单位从业人员比重	
	相关产出情况	人均电信业务总量	
	移动电话普及率	百人中移动电话用户数	
	数字金融发展	中国数字普惠金融指数	

也有少部分学者在研究数字经济时使用相关研究机构发布的数字经济指数作为替代指标。例如，张腾（2021）、张勋（2019）等选用北京大学数字普惠金融指数来衡量区域数字经济发展状况。陈福中（2020）采用世界经济论坛发布的《全球信息技术报告》中的网络就绪度指数对数字经济发展水平进行分析。

本书认为，随着数字经济的发展，其范畴已经超越了信息技术本身，并与社会基础设施、产业、实体经济方方面面相融合，显现出综合性特点。基于研究数据的可得性以及后文实证研究的可操作性，本书选择构建数字经济多维度指标体系并进行测算。

2.2.2 环境质量测度研究

环境质量是指环境本身及其他相关要素对人类生存发展和社会经济持续发展的适宜程度。本书展开研究的基础和前提是采用科学、合理的方法和途径对环境质量进行评定。由于无法对环境质量进行直接测评，因此一般借助单一指标法与指标体系法对环境的质量和水平进行评定。

单一指标法。目前，大多数学者一致以 CO_2、SO_2、废水废气、PM2.5 等污染物作为评判环境污染程度的重要指标，以此得到的结果来对环境质量作出分析。王章名和王成璋（2016），程广帅和胡锦锈（2019）将 SO_2 污染物的排放量作为测评主要指标。康艳青（2018）和洪雪飞（2019）将人均 SO_2、人均 CO_2 排放量作为测评环境质量的主要指标。纪祥裕（2020）在其研究中将城市的 PM2.5 每年平均浓度值作为测评环境质量优劣的主要衡量标准。王婷和吕昭河（2012）则将日常生活中产生的垃圾数量作为评估环境质量的指标。通常来说，环境污染物产生的越多，环境质量就越恶劣；相反环境质量就能得到提高。除此之外，空气质量指数（AQI）也常被用来度量环境质量（姜磊等，2018）。

多维度环境质量评价指标体系。经文献研究发现，对于环境质量评价的指标体系主要包括环境质量指数、环境污染指数、环境质量综合指数及环境绿色发展效率指数等。（1）环境质量指数：刘荣增和李盼（2021）、韩峰等（2021）对环境质量进行深层次剖析，从三个角度评估环境质量：环境治理、环境绿化、环境污染。邸勍（2021）等从不同行业领域产生的污染物排放量来对环境质量进行测评，如工业、农业和社会生产生活领域产生的 SO_2、CO_2 等十种污染排放物，并筛选出六种环境净化指标来评估环境吸收指数，如森林覆盖率等。（2）环境污染指数：学者多将工业领域产生的废水、废气等污染排放物作为评估环境污染程度的重要因素（许和连和邓玉萍，2012；桂黄宝等，2021）。（3）环境质量综合指数：相关学者将社会可持续发展作为一个新视角，以此来度量环境质量。例如，夏军等（2004）、邵佳和冷志明（2016）根据生态环境发展对经济活动产生的一系列影响，将经济发展指标和环境指标进行系统整合，创建环境质量综合指标体系，创新环境质量改善途径。(4) 环境绿色发展效率指数：采用绿色全要素生产率方法，将关键要素分为投入和产出两个层次，投入指标涵盖三个方面，即劳动力、资本和能源投入；产出指标涵盖期望和非期望产出，通常来说，期望产出指的是区域生产总值，非期望产出指的是不同污染物的排放（林江彪等，2021；孙青等，2021；后小仙等，2020）。

2.3 数字经济对环境质量的影响研究综述

数字经济作为新时代经济高质量发展的契机，已经深入融合进经济活动的各个方面，对经济活动各个领域和社会发展产生了深远的影响，对环境系统也不例外。显而易见，随着信息技术的迅猛发展，在不久的将来，我国的数字经济将进入一个快速发展时期。值得注意的是，数字经济的持续发展是否会为环境质量的提升与改善带来新契机？根据目前的调查研究发现，各研究机构和相关领域的学者对此存在不一致的看法。

当前，全球能源消耗量一直呈现上升趋势，能源消耗量的持续增加是影响环境质量的关键因素。随着信息与通信技术的迅猛发展，经济活动逐渐以“传统”生产生活方式向“数字化”融合模式转变，对人类生产活动和社会经济结构产生重大影响（Plepys，2002），以此促使终端能源消费结构优化升级。早期就有相关研究者从信息与通信技术视角，研究其对能源消耗的影响，并发现其具备正反两面的影响特征，其中反向观点认为 ICT 在社会发展中的持续应用使得能源消费不断增加。有研究指出，在 2012 年的电力消费份额统计中，全球通信网络、计算机、数据中心份额合计 4.6%，但在 2009 年份额仅为 3.9%（Heddeghem，2014）。安德烈和埃德勒（Andrae & Edler，2015）根据设定电力消费所处的高、中、低三种情景来预测信息与通信技术行业产生的能源消费，结果指出在 2020 年和 2030 年，ICT 部门电力消费占总电力消费比会增长至 6%～21%、8%～51%。若不将可再生能源电力考虑进去，那么在 2030 年，信息与通信技术领域产生的能源消耗将会贡献23%的温室气体排放。王奇和叶文虎（2001）认为ICT的应用在改善环境质量上有着重大贡献，主要通过资源集约化利用模式推动环境污染状况的改进。然而，ICT外观与性能的更新与升级方面主要是通过消耗能源作为基础保障，一般情况下，厂商为了追求利润最大化而往往忽略能源消耗，最终导致资源短缺和浪费现象频频涌现。除此之外，间接能源掠夺效应并不是信息与通信技术应用与发展所产生负向影响方面的唯一危害。ICT行业自身的属性就决定了将来的生产、处理和应用将不可避免地产生大量的能源消耗，并且这将是一个持续漫长的过程（Peng，2013）。王子敏和李婵明（2016）根据实证研究的结果得出计算机网络设备的更新、维护和升级也将会大幅度增加人均能源消耗。

正向观点主要赞同信息与通信技术在社会生产生活中的深入应用能够为降低能源消耗带来帮助，这是由于信息与通信技术的广泛使用为增加投入要素的效率和非物质化提供了契机（Berkhout & Hertin，2004）。除此之外，信息与通信技术的更新与升级也在逐渐减少和缓解社会生产过程中产生的大量能源滥用与耗损，推动各企业间资源的协同合作，使得能源资源得到有效利用（Hilty & Aebischer，2015）。托费尔和霍瓦特（Toffel & Horvath，2004）认为无线技术在降低能源消耗强度上起着重要作用，一方面它可以降低各大厂商对务工场所的要求，另一方面其提供的远程办公模式能够有效解决交通和通勤问题，从而减少能源的消耗。张三峰和魏下海（2019）指出信息与通信技术在企业的广泛应用极大地减少了能源消耗，将ICT与企业生产深度融合作为企业战略发展规划，有利于推动组织结构优化升级，提升生产技术的应用水准，将企业生产过程中能源消耗进行实时监控，从而实现企业的精益生产。曾岚婷和叶阿忠（2020）利用实证分析得出信息与通信技术拥有节约能源、增加产量和引流的三个优点，并在节约能源方面起着可持续的正向作用。

随着数字经济和实体经济的不断深度融合，更多的研究机构和相关学者开始以差异化的视角对数字经济影响环境的路径和机制展开分析。哈桑（Hasan，2009）认为数字技术在社会生活各领域的深入应用，推动了社会迈向数字新时代，创新了人类衣食住行的方式和手段，促进了产业结构优化升级，为经济可持续发展提供有力支撑。维达斯－布巴尼亚（Vidas－Bubanja，2014）提出数字技术为处理气候变化和环境问题提供了坚实保障，数字经济使得社会生产更赋绿色化，推动绿色循环低碳发展，促进社会经济的可持续发展。阿松谷（Asongu，2018）通过调研非洲污染物排放、对外开放和信息技术之间的关系，得出信息技术的应用与发展有助于降低环境污染。乌卢卡和可汗（Ulucak & Khan，2020）通过对1990～2015年金砖国家的面板数据进行分析，得出信息技术的广泛应用有效降低了碳排放量，信息技术的更新与升级在改善金砖国家环境质量上发挥了重要作用。世界经济论坛（World Economic Forum）和埃森哲（Accenture）咨询公司在其发表的《实现数字化投资回报最大化》中提出，当数字技术充分融合进企业生产中时，企业的生产效率出现大幅度增长，高达70%；而对于数字技术应用或更新缓慢的企业而言，其生产效率仅提升30%。因此，在提高企业生产效率和节能减排上，数字技术具有充分的优势。李等（Li et al.，2021）以我国217个城市作为研究对象，实证研究得出数字经济的发展能够有效促进PM2.5的降低。严等（Yan et al.，2021）指出数字经济与能源产业的跨界融合对实现节能减排和降低能源消耗具有重要作用，为转变能源消费结构和消费方式提供技术支撑，推动了经济的可持续发展。

也有学者以环境治理和绿色发展作为分析视角。庞瑞芝等（2021）认为数字技术的更新换代是促进数字时代治理的重要途径，数字时代的全新治理模式由各阶段的新兴数字技术与政府社会治理融合产生。通过该理论可以得知，数字技术在改善环境质量工作的多元协作治理模式中发挥了重要的作用，为整合环境治理架构提供新方法，推动了政府环境质量改善工作，拓宽了公众参与途径，创新了数字技术在环境治理工作中的应用与发展。许钊等（2021）提出数字金融的应用与发展为开拓公众参与环境质量优化工作途径提供了新契机，利用环境保护、环境治理等途径，推动互联网流量价值向经济价值和生态价值转化。周晓辉等（2021）指出数字经济以其自身的溢出效应和示范效应为实现企业技术和经济可持续发展提供重要支撑，提高能源效率的利用率，极大地减少能源消耗量，促进产业结构要素的优化升级，提升了绿色全要素生产率。王锋正等（2021）则认为数字化本身具有的规模和网络经济效应能使资源型企业减少信息搜索成本和资源消耗，拓宽绿色技术创新路径，提升企业技术整合能力，为推进以生态保护、绿色发展为导向的高质量发展打造新引擎。樊轶侠和徐昊（2021）指出中国数字经济发展与经济绿色化两者间存在环境库兹涅茨曲线关系，具体来说，数字经济的深入发展与经济绿色化呈现出先促进后抑制的倒“U”型曲线，研究还发现能源回弹效应是导致倒“U”型曲线形成的关键要素。

对于数字经济的一些商业形态，如电子商务、数字平台等，大多数学者都持正面的观点，并认为其具备环境友好特征。首先，电子商务能够降低能源消耗，进而影响资源配置效率和环境污染。曼贾拉奇纳（Mangiaracina，2015）、帕尔松（Palsson，2017）等将电子商务与传统贸易渠道进行了比较，指出电子商务的广泛应用极大地减少人类出行的次数，降低了购物通勤率，有效降低了空气污染物的排放量，提高了空气质量。除此之外，欧拉等（Oláh et al.，2019）认为电子商务能够精简产品生产制作过程，提高产品生产效率，避免生产制作带来的不必要浪费，由此减少环境保护成本，提高空气质量。其次，电子商务可以提高商品运输的效率，降低交通工具使用频次，从而减少空气污染物的排放，推动环境质量的改善。波齐（Pozzi，2013）认为，电子商务可以帮助消费者使用网上购物，克服从商店搬东西的运输成本，减少了分散开车到超市的尾气污染。此外，范·隆等（Van Loon et al.，2015）也表明电子商务可以帮助消费者提高每次交付物品的数量，减少每个家庭进行线下购物的次数，以减少污染物排放的交通工具的使用。最后，数字技术能够赋能公共服务平台，进而减少资源浪费，改善环境质量。许宪春等（2019）认为数字经济衍生了一批新型经济现象和形态，如货拉拉、滴滴打车、直播带货等公共经济活动平台，极大地创新了经济发展模式，提高了资源配置效率，推动了经济可持续发展，为节约能源和减少污染物排放提供坚实保障。

2.4 文献述评

通过文献分析发现，数字经济的繁荣发展与深度融合对环境质量产生了重要的影响，不同的分析角度和分析方法为本书提供了良好的经验基础与借鉴价值。前人所取得的丰硕成果是本书的基础和源泉，同时当前研究中存在的不足和局限性也为本书的深入研究开辟了新的方向。具体体现在三个方面。

第一，通过前文对国内外数字经济文献的综合分析发现，学界对于数字经济研究大多集中在数字化与传统产业的结合，数字经济对经济高质量发展的影响以及信息技术的应用等方面，对数字经济的目标导向、发展机制和技术研究等方面的认识不断加深。但对于数字经济影响环境质量的研究探讨并不是很多，并且主要研究的内容为互联网、ICT与能源消耗、环境污染等，仅有少数文章与数字经济和环境质量直接相关，且缺乏深入的机理分析。但值得注意的是，产业发展是环境污染的重要来源，数字经济则在产业发展中扮演了重要角色。因此，厘清数字经济与环境质量的关系，推动产业绿色发展至关重要。

第二，大多数学者从某单一污染物的角度来分析数字经济对环境的影响，如CO_2排放、SO_2排放、雾霾污染、水污染等，很少将环境系统内部各因素的关系反映出来，这会导致环境测度的偏误。环境质量是一个复杂的生态系统，是将人类作为主体的自然要素和社会要素的集合，需要从整体的角度去度量和分析。

第三，在数字经济对环境质量的关系研究方面，现阶段的研究大多是定性的。主要使用描述性分析来研究数字经济对环境的影响。此外，现有少数文献的定量研究和实证检验也仅仅通过线性规划和回归分析法考察了数字经济对环境质量的静态影响，系统性动态研究还稍显不足。然而数字经济发展对环境质量的影响并不是静止不变的，而是随着不同要素的影响不断处于动态变化之中。数字经济与环境质量问题在本质上是一个动态演进及发展的过程性问题。

基于此，本书主要在以下几方面进行探究。

（1）以压力—状态—响应模型为基础来进行环境质量综合指标体系的构建，这样可以避免单一衡量指标的局限性，能够更为全面地反映环境质量，有利于对复杂系统的因果关系进行更为完整的分析。除此以外，利用单一污染指标进行稳健性检验，验证实证结果的合理性。

（2）以城市层面的数据为基准，全面系统地检验了数字经济对环境质量的线性和非线性影响效应、传导路径以及异质性，并利用省级层面样本进行稳健性检验，弥补研究样本的单一化。除此以外，进一步加入了空间地理因素，考察数字经济与区域环境质量之间的空间关联性，分析数字经济的空间溢出效应。

（3）政府的政策助力是实现数字经济发展与环境质量改善的重要外生驱动力，借助“宽带中国”战略的准自然实验，来评估数字经济发展影响环境质量的因果效应及传导路径，以期为后续有关数字经济政策的制定和实施提供借鉴。

（4）基于系统动力学研究方法，构造数字经济影响环境质量的系统性动态模型，以系统性和动态性作为切入点，同时处理数字经济与环境质量之间不同要素的多重反馈问题以及要素流动形成的累积效应，进行系统性动态的模拟仿真，弥补回归分析方法的不足，并为相关政策的制定提供更直接和有效的依据。

第3章

数字经济对环境质量的影响机理分析

3.1 数字经济对环境质量的驱动作用

环境质量的优化必须坚持绿色发展理念，推动发展方式的绿色转型，构建环境友好的生产方式和生活方式，实施清洁生产和贯彻绿色消费理念，坚持环境保护和生态改善，减少经济发展过程中所引发的环境污染和生态受损等不良影响。随着数字经济的蓬勃发展及与实体经济的广泛融合，智能制造、电子商务、电子设备、数字服务等数字产业化和产业数字化形态对经济社会的影响也越来越深刻。数字经济能够有效降低经济社会的运营成本，显著提高资源利用效率，促进提质增效、科技创新、环境治理和产业转型升级，推动节能减排降耗，在影响绿色生产、绿色生活及环境质量改善等方面起到了重要的作用。数字经济能够助力多区域、多层级、多主体之间在能源调度与利用上的协同，推动农业、工业、服务业等领域的数字化节能，促进能效提升。一些研究表明，数字技术赋能于能源、制造业、农业和土地利用、消费和服务等领域，已经能够促进全球碳排放降低15%（钱立华等，2020）。因此，合理有效利用数字经济来推动经济和社会发展及促进环境优化是数字经济时代的必然抉择。以下进行具体分析。

3.1.1 产业数字化对环境质量的驱动作用

（1）农业数字化。

绿色农业是以生态文明为导向，以可持续发展理念为路径，以清洁技术为支撑，将环境保护与农业发展相结合的农业发展机制。该机制不但能够改善农产品质量，提升农产品产量，而且也顺应了现代农业的发展趋势。当前，我国农业资源和环境问题日益突出，长期的破坏性开发导致水质污染和土壤污染等问题越发严重，亟须走向绿色农业之路。2014年《全国土壤污染状况调查公报》显示，我国耕地土壤污染的点位超标率为19.4%，约2000万公顷的耕地受到重金属污染（于法稳，2020），解决农业污染问题迫在眉睫。

随着信息技术的发展、互联网的普及、智能化设备在农业上的深入应用，传统农业逐渐转向以科技和信息为特征的现代农业阶段，有利于实现农业生产的智能化、专业化、绿色化及科学化。大数据、人工智能等信息技术渗透至农业生产，是农业发展的高级阶段和未来导向（储节旺和曹振祥，2020）。数字农业是数字经济的重要组成部分，但却也是当前的短板所在。

“数字化+农业”能够将农业生态改善和农业产业生产有机结合，从而减轻和解决农业绿色发展及可持续发展的痛点。在数字经济的背景下，依托大数据、云计算、人工智能、物联网等新一代信息技术，利用数字化思维体系来改造现有农业发展模式，能够对农业生产、深加工等产业链进行改造和革新，推进农业资源节约化及生产绿色清洁化，推动农业生产要素的优化配置，助力农业生产方式转变，实现农业生产技术由经验向科学转变，从而提高农业的生产效率、产业资源利用效率以及农业综合效益。数字经济已渗透到农业生产、加工、管理和服务全链条，数字化农业综合信息服务平台能够实现农业生产全阶段的数字化感知。借助互联网和信息技术建立的农产品质量与食品安全过程可追溯、互联互通、资源共享的信息平台，完善了农产品质量安全从农场到餐桌的流程监管体系，确保了人民群众获得绿色健康的农产品。

新一代信息技术渗透到规范化土壤检测、合理化种养指导、育种信息监控、病虫害防治管理、农作物生长监测、畜禽精细化管理等动态管理，从而构建农业生产全阶段的数字化全面感知、智能预警和精准管理。例如，数字化农业资源投入追溯管理体系，减少化肥农药的投入量，保证资源的有效利用；农村的物联网建设，对农业土地利用情况进行智能监测；传感系统、大数据等技术构建育种信息动态监控与智能汇报；智能农机设备进行农业精细化作业，实现精准喷药，提高农作物生产效率，减少农业污染；构建集生产数据管理等多种功能为一体的大数据体系，以此对畜禽养殖过程进行精细化管理，能够有效智能监测饲喂设备、饮水数据、清粪数据、产能数据等，确保禽畜养殖过程中的高效、环保和安全，减少资源的浪费和禽畜粪便污染。

因此，将数字经济与农业发展相结合，不但可以实现农业资源高效利用，减少农业污染，保持生态平衡，而且对发展绿色农业，实现农业资源节约和可持续利用，具有巨大的推动作用。

（2）工业数字化。

既有文献一般认为中国环境污染的主要原因是资源型经济活动，尤其是粗放型工业生产过程所导致的非期望产出（董敏杰等，2012）。通过对改革开放后我国的经济增长特点进行分析后发现，我国工业部门主导的经济高速发展是以高能源消耗和高污染排放为代价的（陈诗一，2009），导致了物质文明和生态文明未能和谐共生。在三大产业中，工业生产投入方面消耗了大量的能源和矿产资源，并且生产过程中产生了大量的废气、废水和固体废弃物。当前，我国较多工业企业的发展层面还处于高投资、高能耗、高污染、低产出的“三高一低”形态。

绿色发展是工业高质量发展的显著标志，数字化是推进工业绿色转型的必经之路。利用数字化手段变革传统工业，利用信息技术实现工业产业转型升级，在产品研发设计阶段就将环境因素考虑在内，严控在产品生产过程中的污染排放，注重产品环境友好型特征，加强产品报废阶段的资源循环再利用，推动产品全生命周期的底色向绿色转化。除此之外，以区块链为代表的信息技术能够吸引各类投资主体为绿色基础设施建设搭建去中心化的金融平台，从而确保工业新基础设施与节能减排目标相匹配。大数据技术能够实现信息知识的准确获取和深入分析，借助大数据平台对工业生产流程进行监控，利用聚合数据准确进行投入和产出预测分析，推动消费与生产结构的转变，实现大数据对生产、加工、运输与消费全流程的把控，推动传统工业向高端智能化工业升级。

以工业数字化推动工业绿色化为着力点，深入培育大数据、人工智能、集成电路、物联网、智能制造装备等数字化产业链，推动工业向数字化、智能化方向转化，构建数字制造、数字产业、数字化应用“三位一体”发展态势。通过建设数字化平台，发展以大数据为基础的绿色数字供应链，即在工业原材料采购环节，实行绿色资源采购；在产品研发环节，通过大数据建立描绘用户的标签，分析用户绿色需求，利用用户画像精确洞察用户行为偏好，设计环境友好型产品；在产品生产环节，利用信息技术，纳入数据生产要素，实现生产方式的数据化，提升能源使用效率，推动绿色改造升级，降低生产成本，打造绿色制造过程；在产品运输环节，借助信息技术，对物流运输方式、库存和渠道进行优化升级，实现绿色供应、高效运输、智能仓储，从而在工业产品供应链上实现环境友好发展。通过推广“信息技术+智能终端”“信息技术+智能制造”“信息技术+现代物流”等应用构建智能生态价值链，有利于推动新能源汽车、高端装备、新材料、节能环保等战略性新兴产业优化升级，从而打造绿色循环的产业体系和低碳可持续的消费体系。

而从能源角度来看，在数字经济时代，以新一代信息技术为代表的数字技术转化和应用能够更好地把握能源市场的发展动向和能源价格波动形式，从而更有效地保障工业能源供应；通过对能源数据的实时采集、监测、传输、分析和利用，推动能源要素合理有效配置。

（3）服务业数字化。

随着服务业和数字经济的发展，其资源配置方式和发展驱动方式也会产生一定的变化，即服务业的驱动方式从资本和劳动力投入等要素驱动演进为以数据驱动和技术驱动（陈昌兵，2018）；由生产驱动转向用户需求驱动和消费驱动。其驱动方式演变的主要原因是新型服务业是以信息、数据、技术等知识要素投入及不同要素之间的有机整合。通过对这些要素投入结构进行有机整合及优化，有利于破解资源能源短缺、减少环境污染问题，形成产业可持续发展。

随着新一代信息技术的蓬勃发展，知识和信息成了经济社会发展中的关键生产要素，不但能够为企业和用户构建相互链接的数字桥梁，使传统服务业态数字化转型，增强服务业的服务能力和服务水平，而且能够推动服务业新业态、新模式发展，促进现代服务业向智能化、专业化发展。平台经济和数字技术的透明、共享和去渠道化等优势促进服务业供给与终端用户需求对接，有利于减少供需两端的信息不匹配、不及时所导致的资源浪费，推动了传统服务业资源配置的升级，从而提升环境质量。

随着电子商务的发展，与之紧密连接的物流业也逐渐发展起来并成为重要产业之一。当前，物流产业面临的基础设施落后，先进技术不足等缺陷易造成高能耗、高污染、低效率等情形，而数字技术可以有效解决这些问题。例如，利用大数据与云计算平台，对物流投入产出策略进行对比研究，从而对物流行为进行科学决策；引入数据驱动发展战略，构建“互联网+物流大数据”的信息综合服务平台，高效协同践行智慧物流，推动分散物流资源的整合和集成，降低产业链企业间的信息不对称问题，以实现资源高效配置，减少经济社会的物流成本和资源消耗，降低环境因此受到的污染和破坏（刘战豫等，2018）。

除此以外，数字经济的发展催生了环保服务业的数字化转型。首先，环保信息服务的在线化和数据化推动了环保服务交易的便利度和有效性；环保服务业积极推动数字化转型，可以加速推动信息技术在环保服务领域中的技术溢出和扩散，从而实现环保服务业服务水平的提升。其次，环保公司通过环保信息服务平台，与政府、信息服务企业、环保设备供应商、其他环保企业及社会环保团体等主体进行协同合作，为环保行业组成单位及附属行业之间搭建快捷、有效的沟通桥梁，加强了环保行业上下游单位的合作与交流，以此助力环保服务行业产业结构升级。

数字经济还能够与绿色金融相结合，将信息技术渗透至金融业务的各流程中，引导和优化金融资源配置，促进绿色金融市场可持续发展。第一，金融数字化有利于落实和优化环境信息披露共享机制，增强企业环境主体责任意识，推动人民群众共建环境污染治理监督体系，强化企业明确生态环境保护法定义务和责任，切实落实企业防范和治理环境污染。第二，金融机构通过协同合作构建包括交易数据、经营数据、税收数据等的数据平台，从而增强环境数据收集水平，增强金融机构对散乱冗余的信息进行提取、清洗、整合及利用，消除逆向选择的困境（王康仕等，2020）。第三，将信息技术渗透至绿色金融业务中，不但能够助力监管部门提升绿色金融业务的审计、统计、考核等领域的运作效率，而且能够使金融机构对绿色金融业务和绿色信贷项目流程进行优化，从而减少业务运营成本，促进绿色金融市场可持续发展，推动金融资源在助力环境治理以及经济发展中实现帕累托最优状态（邱兆祥和刘永元，2020）。

3.1.2 数字产业化对环境质量的驱动作用

数字化产业属于知识技术密集型产业，本身具有技术含量高、能耗少、产品附加值高等特点，这也决定了数字化产业具有资源节约型和环境友好型特征，并且数字经济的发展在一定程度上能够取代传统经济形态，并从整体上达到节能减排的功效；环境质量的改善又有利于吸引投资者加大对数字经济产业的投资，从而推动生态文明建设（宋洋，2019）。而鉴于数字经济对环境质量产生的重大影响，在发展数字化产业的同时需要着力于低能耗科技产品的发展，推动数字化产业向节能、高效、低碳转型，率先实现数字化产业自身的绿色可持续发展。数字经济时代技术的易用性和快速扩散有助于打破技术垄断的消极影响，有效降低技术准入门槛，推动企业吸收先进技术（王梦菲和张昕蔚，2020）。因此，互联网科技企业在数字经济发展下，更有利于推动资源的有效配置，并从内外部获取大量知识和信息，积累创新知识存量，更易于进行节能技术方面的创新和应用来进一步降低自身对环境的污染。

如阿里巴巴、腾讯、百度等互联网科技企业都在节能技术方面加大投入，通过对基础设施、IT 设备、软件技术等进行革新，大部分企业的数据中心全年平均运行 PUE 低于 1.5（华北电力大学，2020）。例如，华为的大型数据中心采取智能微模块数据中心技术、高效模块化 UPS 技术和直流变频行级空调技术，设计 PUE 低于 1.5，每年可减少用电量约 7100 万千瓦时（kWh）（华为，2019）；利用大数据和 AI，研发 iCooling 智能温控技术提高制冷效率，廊坊数据中心冷冻站总能耗降低 325.6 千瓦（kW），冷冻站 COP 提升 8.2（华为，2018）。腾讯的 T－block 数据中心的日电度 PUE＝1.0955，比国内主流数据中的能耗低 30% 以上。对标 10 万台服务器容量的数据中心，单个腾讯数据中心十年将节省近十亿千瓦时电力消耗，约为 4 亿千克标准煤（腾讯基金会，2017）。

除此之外，伴随着数字化产业发展规模的不断扩大，其以更高的效率和速度进行科技创新的同时，促进企业的要素配置优化升级，推动了产业结构的优化和升级。数字化产业的核心发展驱动力也由具有一定环境污染的电子设备制造业转向清洁型的信息服务业等行业。中国信息通信研究院研究报告显示，数字产业的内部结构处于不断优化升级中，电子信息制造业等易造成电子设备污染问题的产业收入占比持续降低，而软件、互联网等知识密集型产业收入不断增加（裴长洪，2018）。

互联网和信息技术推动了交易的在线化，免去了线下交易过程，节约了原材料，降低了能源消耗。电子商务极大地减少人类出行的次数，降低了购物通勤率，提高了商品运输的效率，降低交通工具使用频次，从而减少空气污染物的排放。分享经济、数字信息服务平台极大地创新了经济发展模式，促进闲置资源的高效利用，提高了资源配置效率，推动了经济可持续发展，为节约能源和减少污染物排放提供坚实保障。

3.2 数字经济对环境质量的抑制作用

事物的发展往往存在两面性特征，数字经济的繁荣发展意味着新一代信息技术在经济活动中的扩散、应用，这也伴随着信息技术设备的大量使用。信息与通信技术设备的生产、加工、分销和安装过程中所造成的废弃物显著增加了能源消耗和二氧化碳排放（Yongmoon et al.，2018）。马修斯（Matthews，2001）指出，由计算机制造造成的生态破坏正在几个环境领域（废物、能源、温室气体排放）中不断增长。信息技术设备如PC、网络服务器、移动电话、电缆以及外围设备（屏幕、打印机、扫描仪等），虽然这些设备具有相异的环境特性，但由于信息技术设备更新发展较快，设备生命周期和自身的寿命较短，在运行过程中会消耗大量的电力，并包含了很多对环境有害的物质材料，造成了各种有害的环境影响。例如，半导体的生产会产生大量的空气污染（酸性烟雾、挥发性有机化合物和掺杂气体）、水污染（溶剂、清洁溶液、酸、金属）和废物污染（硅、氯化溶剂）（Environmental P.，1995）。据统计，全球每年产生的电子废弃物约为5000万吨，总价值超过625亿美元，超过大多数国家的年GDP，而电子废弃物中80%无法被再利用（钱立华等，2020）。

此外，数据中心、区块链数据挖掘和电子产品等领域作为数字生态系统的组成部分消耗了大量电力。例如，大型全球数据中心和移动数据流量的使用，对环境质量构成了威胁（David et al.，2015）。我国互联网行业的数据中心能耗问题与污染排放问题也引起了社会的广泛关注。2018年中国数据中心用电量占社会用电量的2.35%，使用了火电约1171.81亿千瓦时，由此产出了烟尘4687吨，二氧化硫23436吨，氮氧化物22264吨，以及二氧化碳9855万吨，对环境造成了不良影响①。通过预测发现，2030年数据中心能耗最高会达到1.4万亿千瓦，占比升至20%（蒋金荷，2021）。虽然近年来，我国越来越重视新能源的开发，风电、太阳能发电量都位于全球首位，但我国的发电方式还是以火力发电为主。截至2020年11月，我国当年火力发电总量高达47095.9亿千瓦时，占全国发电总量的70.5%②，因此，对电力的消耗间接导致了大量煤炭的消耗，而煤炭的开采、运输和消耗都会对环境造成影响。

---

① 中国数据中心能耗超过上海市，向可再生能源转型迫在眉睫［EB/OL］. 国际环保组织绿色和平网站，2019-09-09.

② 我国火力发电量占比依然超过70%，那水电、风电、核电占比呢？［EB/OL］. 中国电力网，2022-03-05.

数字经济的发展、数字产业化和产业数字化的转型推动了生产规模的扩大，而生产规模的扩大伴随着更多能源和资源的消耗，同时污染的排放也在增加。数字经济在一定程度上能促进能源效率的提升，但同时也在消耗更多的能源。数字经济推动信息技术和经济的高速发展，也为人类带来了更多的能源需求。斯特芬等（Steffen et al.，2020）指出数字产品的生产、利用和处置中会增加能源消耗，数字技术赋能经济发展推动生产力的提升也间接导致了能源需求的增加。因此，数字经济所造成的“规模效应”可能不利于环境质量的改善。

企业作为产业的微观主体，其数字化转型对节能减排也存在一定的负向影响。其负向影响主要可以概括为两方面：第一，企业数字化发展初期，如果一味加大信息化建设，盲目追求投资专用性，忽略成本计算和前期投资效果的预测，导致出现的风险远超企业的承受范围，会极大地阻碍数字技术在企业生产活动中的进一步应用；信息基础设施建设的薄弱与技术应用保障能力的缺失会使得企业缺乏对数字技术应用的重视，也会导致技术应用效果不明显。根据相关数据显示，数字技术从投入到获得盈利之间的时间滞后大概是三至十年（中国通信研究院，2017）。因此，为追求企业的盈利，可能会通过扩大生产规模来弥补企业数字化的巨大投入，致使能源、资源消耗量加大，企业环境污染日趋严重，环境治理成本也相应提高。第二，企业在数字化转型的前期，需要投入大量的信息基础设施和电子设备来提升企业的数字化水平，这也伴随着能源和资源的大量投入，从而间接导致了企业污染排放的增加。

3.3 数字经济对环境质量的传导路径分析

在上一节中分析了数字产业化和产业数字化对环境的影响，可以发现数字经济在农业、工业、服务业层面对环境的影响作用和方式都具有一定的差异，但也存在一些相同的作用机制，即数字经济对环境质量的影响存在两个重要特征，这两种特征将数字经济的发展和环境质量的优化紧密地衔接了起来。第一，数字经济时代，产业和信息技术紧密结合进行产业重构，推动了产业数字化、智能化、模块化、链条化进程，催生了新的产业模式和业态，进行了传统产业结构的转型升级，提升了产业的绿色属性，推动环境质量的改善。第二，开放的数字经济生态系统推动了知识和信息在经济系统内的快速传播，实现创新资源要素的自由流动和创新主体的有效连接（张昕蔚，2019），进而推动了科技创新。而科技创新能够提升能源利用效率，有效降低生产生活过程中的污染排放，改善环境质量。因此，数字经济可以通过产业结构升级和科技创新两个传导路径来优化环境质量。接下来进行具体分析。

3.3.1　产业结构升级

数字经济通过改变传统产业资源的供需模式和价值创造模式，重新定义了产业发展新内涵，开拓了产业发展的新空间，并且对产业生态规制进行了重新架构，成为产业转型升级的驱动力和经济增长的动力源泉。

数字经济是国民经济发展的重要组成部分，数字经济的发展伴随着产业形态从传统的劳动、资本密集型向数据、知识和技术密集型产业转变。数据、知识和技术密集型产业逐渐居于产业主导地位，产业结构向高级化转变（金志奇，2005）。信息和知识要素的高渗透性和高协同性的特点使其在经济中的投入推动了要素配置的变化，促进了生产要素由低质低效产业和低生产力方向向优质高效产业和先进生产力方向溢出，推动要素配置升级，实现产业链上资源的有效配置，推动产业衍生出新模式、新业态（马中东和宁朝山，2020）。数字经济打破了传统工业经济的局限性，信息技术的易用性和传播性有益于打破技术的垄断，从而降低产业的准入门槛，在推动产业规模扩大的同时，还能够产生规模递增效应。信息技术对产业的广泛融合和渗透，推动产业打破原有固定发展模式，加速了新的生产模式和商业模式发展的态势，并最终赋能产业结构转型升级。产业的数字化不但能够提升产品的使用价值（戚聿东等，2020），而且能够提升产业生产效率，助推产业转型升级（肖旭和戚聿东，2019）。数字经济激发传统产业的智能化和数字化转型，实现产业内部业务流程的革新，推动协调可持续发展，产业结构向合理化转变。因此，推动大数据、物联网等信息技术的创新发展，并将其渗透至传统产业，有利于推动产业发展质量和产业发展模式转变，开拓产业结构发展空间，实现优化升级（李英杰和韩平，2021）。

经济社会所产生的环境污染与产业结构的发展、产业规模的调整存在高度相关（王青等，2012）。产业结构升级是改善生态环境质量的重要方式（韩永辉等，2016）。产业结构升级的实质是经济增长方式和经济增长驱动力的升级，是由资源密集型和劳动密集型驱动转变为知识和技术密集型驱动，并逐步占据经济增长的主动力。在改革开放前期，由于追逐经济增长的增速，经济结构以资源型重工业的第二产业为主导，在经济发展的同时，导致了能源枯竭、空气、水和土地污染、生态环境破坏等严重问题；而在经济发展中后期，追求经济高速增长转向经济高质量发展，经济结构向以知识和技术密集型产业为核心的主导位置转变，产业结构向合理化和高级化演变。

数字经济推动产业结构升级意味着知识和信息作为产业的主导要素，减少了生产过程中对自然资源要素的消耗，从而对生态环境质量的改善产生直接推动作用；数字经济催生新产业、新业态，并且通过信息技术实现要素在产业间的配置达到最优状态，实现低投入、高产出、低污染的产业发展绿色格局，减少环境污染和改善生态环境。

3.3.2 科技创新

新经济增长理论指出，科技创新的核心要素是知识积累。在开放式创新环境下，数字经济的发展扩展了知识和信息的沟通传播渠道，提升了知识传播效率，推动经济社会知识存量的积累，为区域创新要素和创新主体间提供了对接渠道，有助于社会获取和吸收知识，从而推动科技创新。并且，在数字经济时代，模块创新速度快，产品开发周期短。模块化的技术具有更强的普适性和易用性，通过将复杂系统分解为相互独立的组成部分，可以将技术分割为功能单元并在行业内或多行业间快速地应用和赋能生产者。制造者可以利用较低的成本来获得先进技术，并实现产品开发和创新研究的高效率和快速响应（孙晓峰，2005）。

数字经济的发展推动了组织使用更小的成本有效获取信息和知识，减轻了信息不对称情形，进而可以降低科技创新的不确定性，提高研发的精准性，为组织的开放式创新提供了良好的基础。对于研发效率而言，组织运用信息技术，实现数据要素的高边际产出，有利于增强组织运作效率，从而在当前资源投入不变的情形下提升资源利用水平，实现组织研发产出效率最大化（Loebbecke & Picot，2015）。对于研发协同而言，数字经济推动了知识编码化进程，使创新生态系统间的数据和知识资源的开放式共享更加频繁，推动了供应链的协同创新，增加了组织间的集成创新机会。

从实际情况来分析，大数据技术能够推动企业进行信息的收集与整合，从而助推企业新产品开发（Zhang et al.，2018）。大多数观点认为科技创新能够推动环境治理，减少环境污染（Anderson，2001）。阿西莫格鲁等（Acemoglu et al.，2012）学者探讨有偏技术进步及其要素偏向性对生态环境的作用的差异化。从结果上来看，偏向清洁型技术进步可以有效提升环境质量（董直庆等，2014）。而数字经济驱动下的信息技术的进步正是偏向于清洁型技术。

我国环境污染问题的主要原因是在生产中投入大规模资源要素，没有将提高资源利用效率放在首位。在同等规模的期望产出条件下，低资源利用效率则意味着需要消耗更多的资源投入，从而导致更多的污染排放。熊彼特创新理论认为创新囊括了生产要素的重组，而数字技术与其他生产要素的融合，可以推动生产生活中要素的优化配置和重组，引导产业的科技创新。因此，数字经济发展驱动了数字型清洁技术、能源节约技术与环保技术的进步，不但能够减少生产生活中污染物的排放，其技术门槛的降低还能够激励资源型产业主动采用清洁技术来对传统的生产服务方式和价值创造模式进行改造，从而转向资源节约型和环境友好型发展模式，最终促进生态环境质量改善。

除此以外，数字经济的发展有利于将新科技与生态环境治理相结合，通过利用新型信息科技来获取生态环境信息，对空气质量、土壤变化、水文变化等信息进行实时监测，并通过大数据技术来分析生态环境与污染数据之间的动态关联及变化态势，探究区域环境质量现状及发展趋势，实现环境监管精细化、智能化，为社会治理污染、优化环境提供支撑。

3.3.3 数字经济对环境质量的空间溢出作用

当前，国内关于互联网、信息技术、数字经济对绿色全要素、碳排放、绿色经济效率等的空间溢出效应的研究较为丰富，也证实了数字经济存在空间溢出效应（乌静等，2022；徐维祥，2022；丁玉龙，2021；郭峰和陈凯，2021）。

在数字经济飞速发展的时代，数据不同于传统的劳动、资本等要素，以其自身的时效性、再创性以及流动性为提高信息传播速度提供了先天优势，推进了各区域间的互联互通，极大地缩短了区域间时空距离，使得各区域社会经济活动之间的联系日益紧密与深入。数字经济自身所具有的外部性特征以及信息与知识传播的低边际成本，为数据要素开展多主体、多区域的共享提供了有效途径（邓荣荣和张翱祥，2022）。由于受摩尔定律的支配和信息技术的快速进步与发展，数字经济极大地降低了数据存储、处理和维护的成本，提高了信息跨区域和空间传播的速度，破解了区域要素流动桎梏，为构建数字化虚拟交易平台提供了重要支撑，使得区域间的资源优化配置效率得到极大提升，实现了生产粗放化管理向集约化管理转变，增强了要素的跨区域协调配置效率，释放了资源有效配置活力（孙黎和许唯聪，2021）。由此降低了因空间和时间要素所导致的能源与资源的消耗，有效提升了区域间能源、资源的利用效率，进而降低了环境污染。

数字经济的网络化特性使得传统要素发生质的改变，为社会经济发展注入新的动力。数字经济所产生的跨边网络效应在科技创新和资源配置等方面提供了良好的流动环境，其所产生的正外部性效应促进了数据资源的更新、迭代和发展，使得数据要素的应用价值得到充分发挥。除此之外，数字经济带来的规模效应为创新要素的创造、整合、扩散和应用提供了支撑，从而统筹多主体、多资源来实现不同技术、领域的跨界和跨区域融合创新发展（张焱，2021）。数字技术在各个领域的广泛应用推动了数据化的知识和信息的流通，为“流动空间”与“流动产业”的协同发展创造了有利环境（梁琦等，2021），推动各区域间知识共享，使得知识技术的空间溢出得到充分发挥。知识的有效获取和绿色技术获取门槛的降低能够激励地区主动采用绿色创新技术来对传统的生产服务方式和价值创造模式进行改造，促进区域发展方式向绿色化转型。根据知识流动网络结构，各区域间的资源、能源利用效率和绿色发展技术的应用水平不再局限于空间邻近性基础上的知识要素流动，而是更多地依赖于流动网络互补性知识和技术溢出效应的作用（盛科荣等，2021），以达到环境治理效果的提升，进而实现环境质量的改善。

除此以外，数字经济的发展将地理集聚与虚拟集聚相协同。信息技术打破了时间和空间约束，使传统地理空间要素集聚转向跨区域合作，构建环境监测数据共享平台实现数据互联互通，推动跨区域的环境污染联防联控以及环境治理的交流协作和经验获取，从而实现节能减排和环境保护。

3.4 研究结论

本章对数字经济与环境质量的作用关系进行了理论性分析。首先，从理论视角分析了数字经济对环境质量影响的驱动作用和抑制作用。其次，从数字经济促进科技创新和产业结构升级来分析数字经济对环境质量的间接传导路径。最后，分析了数字经济对环境质量的空间溢出作用。

结论为：（1）数字经济以产业数字化和数字产业化为核心，赋能于农业、工业和服务业，有效降低了经济社会的运营成本，显著提高了资源利用效率，推动节能减排降耗及环境质量改善。（2）数字经济通过改变传统产业资源的供需模式和价值创造模式，推动知识和信息成为产业的主导要素，减少了生产过程中对自然资源要素的消耗，从而对生态环境质量的改善产生直接推动作用。数字经济的发展推动了社会的科技创新水平，使得要素在产业间的配置达到最优状态，进而提升了能源和资源的利用效率，改善了环境污染情况。(3) 数字经济的繁荣伴随着信息技术设备的大量使用，设备的生产、加工、分销和安装过程中所造成的废弃物显著增加了能源消耗和二氧化碳排放；数字经济推动了生产规模的扩大，从而间接导致了污染排放的增加。(4) 数字经济的正外部性特征极大地缩短了区域间时空距离，破解了区域要素流动桎梏，推动各区域间资源的有效配置，使得知识技术空间溢出得到充分发挥，激励地区对传统的生产服务方式和价值创造模式进行改造，促进区域发展方式向绿色化转型。

虽然数字经济的繁荣发展所导致的规模效应在一定程度上会增加能源消耗和环境污染，但数字经济通过科技创新和产业结构升级来实现对环境质量的驱动效应更为明显。因此，总体来说，数字经济能够推动环境质量的改善，但其可能存在曲线增长的趋势，需要对研究样本进行具体分析和检验。

第4章

数字经济和环境质量的测度与分析

4.1 数字经济测度

4.1.1 测度体系构建

当前，对于数字经济测度的指标体系，学界尚未形成统一认识。虽然相关有影响力的研究机构都发布了各自的数字经济测算体系，但这些体系主要是基于某一年的数据进行构建，并且各研究机构测度数字经济的源数据没有进行开放共享，这也为本书数字经济测度的构建带来一定困难。当然，学术界也有一些通过统计年鉴或调研数据构建的评价体系，但存在时期跨度较短或分析视角差异等问题，无法直接进行应用。为此，本书将前期文献的构建体系作为参考，结合数据的可得性和指标体系的完整性，从市级层面捕捉2011~2019年中国各地级市数字经济的发展情况。需要进行说明的是，由于数据的可得性有限，指标体系不可能全面概括数字经济发展水平，本书只能在现有数据范围的基础上，最大限度地反映出各城市数字经济发展状况，从而相对客观准确地对不同区域数字经济发展水平进行研究。

对于市级层面的测度，大多数学者采用将互联网发展作为测度核心，并加入其他数字经济指标的体系构建思路。因此，借鉴黄慧群（2019）、赵涛（2020）、雷红和李言（2021）等的研究测度体系，本书将互联网与数字普惠金融作为测度核心，采用互联网普及率、信息技术行业从业人员情况、电信业业务发展、邮政业务发展、移动电话普及率和数字金融发展来构建。互联网普及率用每百人中互联网宽带接入用户数衡量；信息技术行业从业人员情况用信息传输、计算机服务和软件业城镇单位就业人员数量与城镇单位就业人员的占比来衡量；电信业业务发展用人均电信业务总量衡量；邮政业务发展用人均邮政业务收入衡量；移动电话普及率用每百人中移动电话用户数衡量；数字金融发展采用中国数字普惠金融指数。

4.1.2 测度方法

本书采用客观赋权的综合评价方法对数字经济发展水平进行测度。熵权法和 TOPSIS 法相结合的方法，除了能够克服过强的个人主观性，还能避免传统的 TOPSIS 方法无法反映变量之间的相对重要程度的局限，能客观地确定指标的相对权重，更具有科学性和可行性。

在建立数字经济发展水平的评价指标体系后，利用熵权法确定各指标权重，然后通过 TOPSIS 法计算指标值与最理想解的相对接近度，以衡量各区域数字经济的发展情况。计算过程如下。

（1）数据标准化处理。

对指标进行无量纲化处理，能够提升数据之间的可比性，从而增强评价的合理性。通常采用极值法，公式如下：

$$\text{正向指标}: X_{ij} = \frac{x_{ij} - \min(x_{ij})}{\max(x_{ij}) - \min(x_{ij})} \tag{4-1}$$

$$\text{逆向指标}: X_{ij} = \frac{\max(x_{ij}) - x_{ij}}{\max(x_{ij}) - \min(x_{ij})} \tag{4-2}$$

（2）确立指标权重。

熵权法是一种客观赋值法，其通过指标值之间的差异程度对已知数据中包含的指标权重进行赋值（李婧，2014）。在信息论中，熵是对事物不确定性的一种度量，熵值越小，其信息量越大，导致的不确定性就越小，指标权重相应就越大，反之亦然。相对于主观赋值法如德尔菲法、层次分析法等而言，熵权法能够更为真实、客观地反映变量之间的相对重要程度。因此，本书选取熵权法计算数字经济发展水平指标的权重系数。

基本步骤：假设有 m 个地区、n 个数字经济评价指标，构建判断矩阵为：

$$X_{ij} = (x_{ij})_{mn} = \begin{bmatrix} x_{11} & \cdots & x_{1n} \\ \vdots & \vdots & \vdots \\ x_{m1} & \cdots & x_{mn} \end{bmatrix} \tag{4-3}$$

式（4-3）中 X_{ij} 为第 i 个地区第 j 项数字经济指标标准化后的值，x_{ij} 为第 i 个地区第 j 项数字经济指标的初始值。

计算第 i 个地区第 j 项数字经济指标的所占比重，公式如下：

$$P_{ij} = \frac{X_{ij}}{\sum_{i=1}^{m} X_{ij}} \tag{4-4}$$

计算熵值，公式如下：

$$E_j = -K(\sum_{i=1}^{m} P_{ij} \ln P_{ij}), K = \frac{1}{\ln m} \tag{4-5}$$

确定指标的权重，公式如下：

$$W_j = \frac{1 - E_{ij}}{\sum_{i=1}^{m}(1 - E_{ij})} \tag{4-6}$$

（3）计算数字经济发展指数。

TOPSIS 法，又称为逼近理想解的排序方法（Hwang & Yoon，1981）。TOPSIS 法是对多属性决策问题的多类型排序和选择进行处理的经典方法之一，是基于评价指标与理想解的距离来对方案进行排序（Olosn，2004）。即分析确立各指标的正、负理想解，建立评价指标与正、负理想解相对距离的二维数据空间，并在此基础上进行比较，若最接近于正理想解，同时又最远离负理想解，则为最优方案。基本步骤如下。

计算加权矩阵：

$$R=(r_{ij})_{mn}=\begin{bmatrix} W_1X_{11} & \cdots & W_nX_{11} \\ \vdots & \vdots & \vdots \\ W_1X_{m1} & \cdots & W_nX_{mn} \end{bmatrix} \tag{4-7}$$

计算正、负理想解：

$$\begin{cases} S_j^+=\max(r_{1j},r_{2j},\cdots,r_{nj}) \\ S_j^-=\min(r_{1j},r_{2j},\cdots,r_{nj}) \end{cases} \tag{4-8}$$

计算地区的指标值与正、负理想解的欧式距离：

$$D_i^+=\sqrt{\sum_{i=1}^{n}(s_j^+-r_{ij})^2},D_i^-=\sqrt{\sum_{i=1}^{n}(s_j^--r_{ij})^2} \tag{4-9}$$

各地区指标值与最理想解的相对接近度 C_i：

$$C_i=\frac{D_i^-}{D_i^-+D_i^+},C_i\in[0,1] \tag{4-10}$$

根据 C_i 值对地区进行排序，C_i 值越大，则表明该地区数字经济发展数值就越接近于最理想值，数字经济发展水平也就越高，反之亦然。

4.1.3 数据选取

在2011年后，中国互联网行业进入移动端时代，数字经济开始与实体经济进行深度融合，推动了数字产业化和产业数字化发展，中国数字经济逐渐迈向成熟期。囿于相关数据的限制，由于数字普惠金融指数等数字经济关键指标数据从2011年才开始统计，受限于这一数据条件，本书主要选取2011～2019的年数据作为研究样本，以此来测算数字经济发展状况。对于城市的选取受限于以下几点原因：（1）部分城市被撤销或划分于其他城市，如2011年巢湖市；（2）部分地级市刚刚设立，如儋州市、昌都市等；（3）部分地级市数字经济变量数据缺失过多。因此，通过筛选，本书最终选取265个地级市进行测算。数据主要来源于《中国城市统计年鉴》和各城市统计年鉴。个别缺失值采用线性插值或者均值进行补充。

4.1.4 测度结果

本书通过构建的熵权 TOPSIS 数字经济发展测算模型，计算出各城市数字经济指标值与最理想解的相对接近度 C_i，并对得分进行排序，由于篇幅限制，仅列举各城市数字经济平均得分前20位和后20位的城市，结果如表4-1所示。

表4-1 部分城市数字经济得分

城市	得分	城市	得分	城市	得分	城市	得分
深圳市	0.5683	苏州市	0.2116	邯郸市	0.0166	商丘市	0.0158
北京市	0.4589	武汉市	0.1978	永州市	0.0165	安顺市	0.0156
上海市	0.3331	郑州市	0.1927	崇左市	0.0164	漯河市	0.0153
广州市	0.3046	济南市	0.1907	百色市	0.0164	六安市	0.0150
成都市	0.2863	东莞市	0.1888	菏泽市	0.0163	平顶山市	0.0148
重庆市	0.2765	哈尔滨市	0.1719	宜宾市	0.0162	周口市	0.0147
杭州市	0.2651	宁波市	0.1706	抚州市	0.0161	保山市	0.0140
南京市	0.2338	青岛市	0.1677	资阳市	0.0160	驻马店市	0.0136
西安市	0.2317	佛山市	0.1643	宜春市	0.0159	钦州市	0.0135
天津市	0.2268	温州市	0.1592	黄冈市	0.0159	昭通市	0.0117

4.2 环境质量测度

4.2.1 PSR 模型概述

压力—状态—响应模型（以下简称“PSR 模型”）是由经合组织和联合国环境规划署共同制定的用于分析生态环境问题的框架系统（Zhang et al.，2012）。PSR 模型具有动态化特征，且呈现出明晰的因果关系。它强调了人类生产、生活活动与自然环境之间的相互影响和相互制约的关系。如图4－1所示，PSR模型包含了三个要素：（1）“压力（P）”要素，即人类在经济社会发展中对生态资源与生态环境造成的压力；（2）“状态（S）”要素，即生态环境发展的现状，如自然资源储量状况；（3）“响应（R）”要素，即人类社会通过规划的行为手段对资源和环境的不良发展做出响应，推动生态环境持续改善。当前，PSR模型已被广泛应用于资源的可持续利用与状况评价、生态安全分析、环境质量评价等范畴（Bai & Tang，2010）。

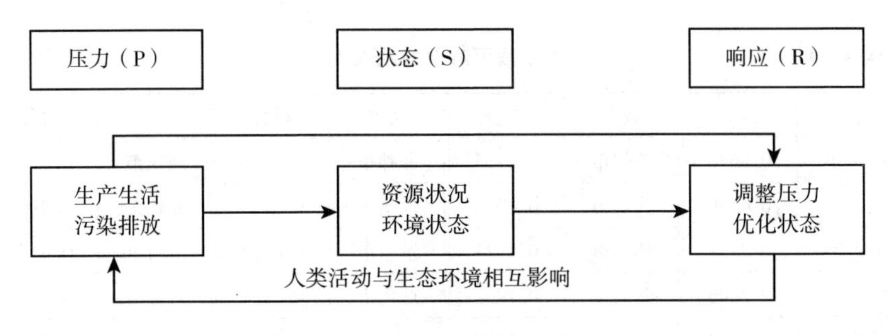

图4－1　PSR模型框架

PSR模型作用机制是：人类经济活动消耗了自然资源，这会改变生态环境，并对生态环境造成一定的危害。社会和政府为应对生态环境的变化会积极采取一定举措来减缓生态环境压力，以改善环境质量。压力—状态—响应三要素能够实现动态传导，形成社会和自然的动态循环机制。

4.2.2　测度体系构建

本书以PSR模型为基础，结合刘荣增和李盼（2021）、韩峰（2021）等人的研究，并基于数据的可得性，构建了市级的环境质量评价指标体系，如表4－2所示，其中环境质量的压力要素（P）由社会生产生活所造成的污染排放指标来体现，指标主要包括工业二氧化硫排放量、工业废水排放量和工业烟尘排放量；状态系统（S）由当前的自然环境状态为代表，指标主要包括建成区绿化覆盖率和人均园林绿地面积；响应系统（R）是由社会应对生态环境的变化从而采取的污染治理措施，指标主要包括一般工业固体废物综合利用率、人均工业烟（粉）尘去除量、市辖区工业废水处理率[①]。

表4-2　　市级层面环境质量指标体系

<table>
<tr><th>目标层</th><th>一级指标</th><th>二级指标</th><th>指标性质</th></tr>
<tr><td rowspan="8">市级环境质量</td><td rowspan="3">环境压力</td><td>工业 SO_2 排放量</td><td>负向</td></tr>
<tr><td>工业废水排放量</td><td>负向</td></tr>
<tr><td>工业烟尘排放量</td><td>负向</td></tr>
<tr><td rowspan="2">环境状态</td><td>建成区绿化覆盖率</td><td>正向</td></tr>
<tr><td>人均园林绿地面积</td><td>正向</td></tr>
<tr><td rowspan="3">环境响应</td><td>一般工业固体废物综合利用率</td><td>正向</td></tr>
<tr><td>人均工业烟（粉）尘去除量</td><td>正向</td></tr>
<tr><td>市辖区工业废水处理率</td><td>正向</td></tr>
</table>

4.2.3　测度方法

主成分分析法主要是利用数据间的线性变换将众多变量进行线性整合，从而获得较少数量的核心变量，达到简化数据和提升结论有效性的统计方法（盛周君等，2007；吴亚非和李科，2009）。当前自然生态领域的一些研究已广泛运用主成分分析法，并总结出众多成功经验（刘潇等，2015；李春瑜，2016）。因此，本书对环境质量指标体系利用主成分分析法计算综合得分。具体步骤如下。

（1）数据标准化处理。由于工业 SO_2 排放量、工业废水排放量、工业烟尘排放量为逆向指标，借鉴樊纲等（2011）做法，在进行主成分分析之前，对所有指标进行无量纲化处理。

$$\text{正向指标}: X_{ij} = \frac{x_{ij} - \min(x_{ij})}{\max(x_{ij}) - \min(x_{ij})} \tag{4-11}$$

$$\text{逆向指标}: X_{ij} = \frac{\max(x_{ij}) - x_{ij}}{\max(x_{ij}) - \min(x_{ij})} \tag{4-12}$$

① 注：考虑到一般工业固体废物综合利用率是其综合利用量与其产生量和储存量的比值，因此，未在环境压力指标内加入一般工业固体废弃产生量。

（2）假定有 p 个市级行政单元的 n 个环境质量指标。通过标准化矩阵 $X=(X_{ij})$ 来计算相关系数矩阵 $R=(r_{ij})$，其中：

$$r_{ij} = \sum_{i=1}^{p} \frac{x_{ij}x_{ik}}{n-1}(j,k = 1,2\cdots,n) \quad (4-13)$$

（3）求解的 R 阵特征值 $\lambda_i(i=1,2,3\cdots,n)$，并按照次序进行排序，然后求得特征向量 $a_i(i=1,2,3\cdots,n)$。其中的特征值是其相对应主成分的方差，方差的大小代表着对总变异系数的贡献值大小。特征向量是对应主成分的线性表达式中原始指标的组合系数：

$$y_j = \sum_{k=1}^{n} a_{kj}x_k \quad (4-14)$$

（4）以 n 个环境质量指标体系为基础，抽取 m 个综合指标来呈现该体系的大多数信息量。计算主成分方差贡献率 $d_j = \frac{\lambda_j}{\sum_{k=1}^{n}\lambda_k}$，其解释主成分 y_i 反映的信息量大小。主成分个数主要由解释的总方差的累计贡献率 $k_r = \sum_{k=1}^{m} d_k$ 达到足够大的数值为界定。

（5）将无量纲化处理后的数据代入主成分表达式，从而测算出各城市环境质量的主成分得分 F，将方差贡献率作为权数对得分系数进行加权求和：

$$F = \sum_{j=1}^{m} d_jF_j \quad (4-15)$$

主成分得分 F 即代表了环境质量水平。

4.2.4 数据选取

为了与数字经济面板数据及“宽带中国”试点政策实证数据相对应，本书选择 2004～2019 年 265 个地级市作为研究样本。数据来源同数字经济测算数据来源。

4.2.5　测度过程和结果

首先对城市环境质量数据进行 KMO 与 Bartlett 球形度检验。结果显示环境质量指标的 KMO 值达到 0.539，超过 0.5 的标准，Bartlett 球形检验 Sig 值为 0.000，环境质量指标适合做主成分分析，具体如表 4 - 3 所示。

表 4 - 3　　投入指标 KMO 和 Bartlett 的检验

取样足够度的 Kaiser - Meyer - Olkin 度量		0.539
Bartlett 的球形度检验	近似卡方	1407.550
	df	28
	Sig.	0.000

其次对环境质量指标进行公因子提取，抽取 4 个公因子，累积贡献度 64.969%，信息提取量比较大，如表 4 - 4 所示。

表 4 - 4　　投入指标解释的总方差

成分	初始特征值			提取平方和载入			旋转平方和载入		
	合计	方差的百分比	累积百分比	合计	方差的百分比	累积百分比	合计	方差的百分比	累积百分比
1	1.728	21.596	21.596	1.728	21.596	21.596	1.600	20.005	20.005
2	1.399	17.487	39.084	1.399	17.487	39.084	1.324	16.548	36.552
3	1.142	14.280	53.364	1.142	14.280	53.364	1.267	15.841	52.393
4	0.928	11.606	64.969	0.928	11.606	64.969	1.006	12.576	64.969
5	0.903	11.288	76.257						
6	0.750	9.377	85.634						
7	0.682	8.519	94.153						
8	0.468	5.847	100.000						

关于成分得分的系数矩阵如表 4 - 5 所示，可以得出指标 4 个主成分得分计算公式：

$$A_1 = -0.503X_1 - 0.195X_2 + 0.053X_3 + 0.413X_4 - 0.029X_5 + 0.029X_6 + 0.024X_7 + 0.423X_8$$

$$A_2 = 0.013X_1 + 0.055X_2 - 0.028X_3 - 0.112X_4 + 0.604X_5 + 0.617X_6 - 0.081X_7 + 0.063X_8$$

$$A_3 = 0.105X_1 + 0.521X_2 + 0.548X_3 + 0.447X_4 - 0.075X_5 + 0.055X_6 + 0.099X_7 + 0.045X_8$$

$$A_4 = 0.018X_1 + 0.032X_2 + 0.120X_3 - 0.355X_4 + 0.011X_5 - 0.131X_6 + 0.925X_7 + 0.100X_8$$

表 4－5　　指标成分得分系数矩阵

指标	成分			
	1	2	3	4
X_1	－0.503	0.013	0.105	0.018
X_2	－0.195	0.055	0.521	0.032
X_3	0.053	－0.028	0.548	0.120
X_4	0.413	－0.112	0.447	－0.355
X_5	－0.029	0.604	－0.075	0.011
X_6	0.029	0.617	0.055	－0.131
X_7	0.024	－0.081	0.099	0.925
X_8	0.423	0.063	0.045	0.100

通过各主成分得分计算公式计算出城市环境质量得分，以主成分的方差贡献值与其对应主成分的总方差贡献值的比值为权重，计算公式如下：

$$A = \frac{0.20005A_1 + 0.16548A_2 + 0.15841A_3 + 0.12576A_3}{0.64969}$$

按照该公式计算出 2004～2019 年我国 265 个地级市的环境质量综合得分。由于篇幅限制，仅列举各城市环境质量平均得分前 20 位和后 20 位的城市，结果如表 4－6 所示。

表 4－6　　部分城市环境质量得分

城市	得分	城市	得分	城市	得分	城市	得分
深圳市	0.6193	北京市	0.5051	三门峡市	0.4362	白山市	0.4304
东莞市	0.6114	大连市	0.5013	玉溪市	0.4359	崇左市	0.4302
广州市	0.5460	常州市	0.5011	巴彦淖尔市	0.4355	抚顺市	0.4265
南京市	0.5318	海口市	0.4987	忻州市	0.4351	昭通市	0.4251
厦门市	0.5147	中山市	0.4984	荆州市	0.4333	承德市	0.4187
杭州市	0.5126	南昌市	0.4971	鹤岗市	0.4332	赤峰市	0.4148
上海市	0.5110	苏州市	0.4969	上饶市	0.4323	百色市	0.4145
漳州市	0.5104	绍兴市	0.4964	吕梁市	0.4321	商洛市	0.4037
无锡市	0.5084	黄山市	0.4948	鞍山市	0.4314	阳泉市	0.3902
珠海市	0.5075	青岛市	0.4945	六盘水市	0.4308	攀枝花市	0.3087

4.3　现状分析

4.3.1　全国层面的分析

随着时代的推进，移动互联网、物联网、人工智能、区块链等信息技术的不断突破和融合创新，得益于我国庞大的用户群体，驱动了数据化的知识和信息资源裂变式发展，颠覆了我国社会的生产和生活方式，数字经济时代拉开帷幕。如图 4－2 所示，2005～2019 年中国的数字经济水平呈现出不断上升的指数型态势。2005 年，《国务院关于加快电子商务发展的若干意见》的颁布，意味着数字经济的重要组成部分——电子商务的发展上升到国家层面。在 2009 年以前，数字经济发展处于低速增长状态。2009 年，第三代移动通信（3G）牌照正式发放，我国正式进入 3G 时代。包括移动运营商、资本市场、创业者等各方急速转入中国移动互联网领域，移动互联网开始发力。2009～2015 年，数字经济发展逐渐转向中速增长状态。2016 年，G20 杭州峰会发布了《二十国集团数字经济发展与合作倡议》，国家开始重视通过数字经济来实现经济高质量发展和包容性增长。自此，数字经济开始广泛与实体经济融合，转向高速增长态势。

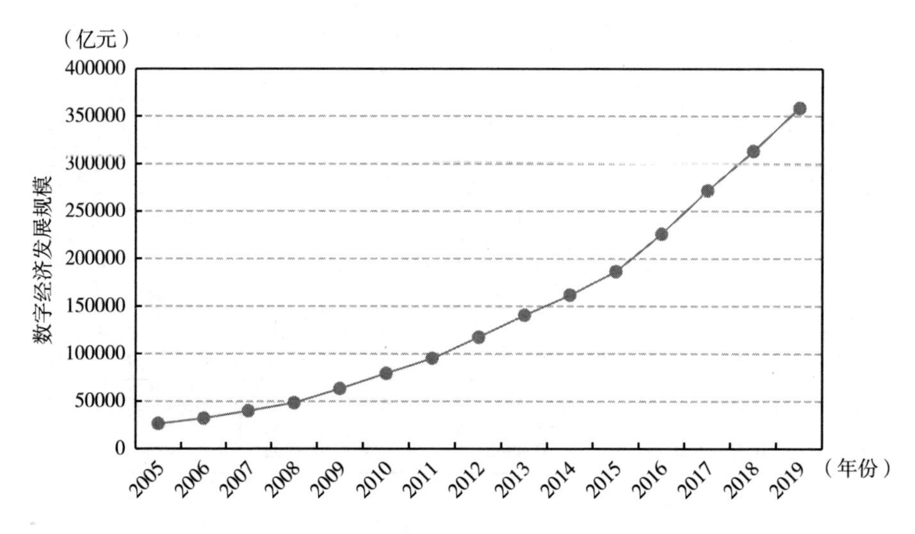

图 4－2　2005～2019 年中国数字经济发展规模

资料来源：中国信息通信研究院。

全国层面的生态环境主要从二氧化硫、化学需氧量、二氧化碳排放量、城市绿地面积及森林蓄积量上考察（见图 4－3）。2005 年中国化学需氧量排放总量为 1414.1 万吨，二氧化硫排放总量为 2549.4 万吨；之后呈

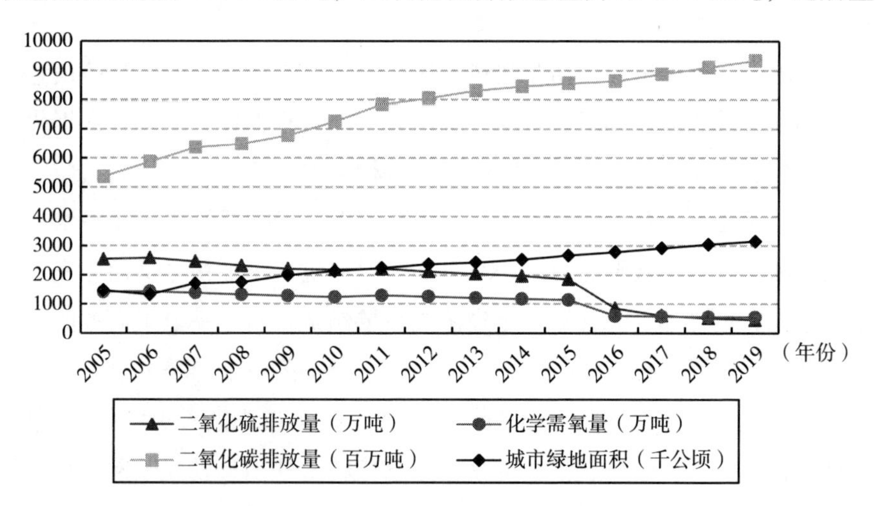

图 4－3　2005～2019 年中国生态环境基本状态

资料来源：中国统计年鉴。

稳健递减趋势，2019 年化学需氧量和二氧化硫排放量总量为 547. 1 万吨和 457. 3 万吨。与化学需氧量和二氧化硫排放情况所不同的是，自改革开放以来，中国能源二氧化碳的排放量增长迅速。2005 ~ 2019 年，能源二氧化碳排放量由 5360. 9 百万吨迅速上升到 9336. 4 百万吨。而城市绿地面积和森林蓄积量则一直保持着增长的趋势，2005 ~ 2019 年城市绿地面积增长了 114. 7%，森林蓄积量增长了 28%。生态环境质量总体呈现持续好转态势。

4. 3. 2　城市层面的分析

总体来看，中国互联网发展水平呈现出不断提高的趋势并且仍有很大的上升空间，数字经济发展平均值最高的是深圳市，与新华社发布的《中国城市数字经济指数白皮书》一致。深圳市拥有腾讯、华为等互联网企业，在城市数字基础设施、数字城市治理、数字城市服务等方面的发展水平均处于全国前列。特别是城市基础设施方面，深圳市拥有城市级数据中心、城市级云计算平台、统一的大数据平台、政务信息资源共享平台等数字基础设施和平台，将信息技术深入应用至社保、医疗、交通等治理和民生领域，推动了数字服务能力和应用成效的增强。数字经济发展平均值排在前十位的城市包括北京、上海、广州、成都、重庆、杭州、南京、深圳、西安和天津。其中广东省城市占两个，中国信通院发布的《数字经济发展白皮书》也指出，广东在全国数字经济发展中处于领先地位。可以发现，排名靠前的城市多属于长三角城市群或珠三角城市群。长三角城市群和珠三角城市群是我国区域综合实力最雄厚、经济发展活力最强劲、创新能力最突出的区域。而数字经济发展平均值排名靠后的主要为河南、贵州、安徽、云南、广西等中西部省份城市。东、中、西部之间的数字经济发展呈现两极分化趋向，存在明显的“数字鸿沟”问题，这也意味着中国数字经济的发展呈现出空间不均衡特点，区域信息资源存量、信息技术应用水平和创新能力分布差距较大（闫慧和孙立立，2012）。由于大多数的欠发达地区无法破除传统发展观念的束缚，缺乏对新信息和新知识的认识与理解，忽视区域内信息基础设施建设，进而使其失去将“知识红利”转化为经济发展动力的机会，某种程度上扼杀了新兴信息产业的萌芽与发展，极大地限制了区域内经济增长（荆文君和孙宝文，2019）；除此以外，这些欠发达地区政策和法规的滞后也同样给数字资本投入和财富积累带来了一定程度的阻力（易宪容等，2019）。

2011～2019年城市环境质量整体上呈现波动上升态势，发展趋势较好。深圳、东莞、广州、南京、厦门、杭州和上海等发达城市的环境质量位居前列，虽然其环境压力指标的数据（工业二氧化硫排放量、工业废水排放量、工业烟尘排放量）在全国层面并不突出，但却占有极高的状态系统和响应系统。主要原因是，东部地区高污染企业逐渐向中西部地区转移，产业导向由资源密集型产业转向知识技术密集型产业，这些因素推动了环境压力的降低。东南沿海城市在经济发展的同时，花费了更多的资金和技术应对环境污染，从而使得污染处理的效率提高。东部地区在经济发展的同时，居民对美好生活的需求更加强烈。因此，城市更加注重绿化水平，不断提升绿化覆盖率，并以建设美丽宜居公园城市为目标，以公园城市建设引领生态文明发展新范式。除此以外，排名前列的还包括海口和黄山等旅游城市，旅游城市以旅游业为主导的经济发展模式，工业企业较少，产生的环境污染问题少，并且背靠群山、面朝大海、自然风光瑰丽、气候湿润适宜，因此生态环境状况好。但也因此导致了环境质量体系的响应系统并不突出，所以虽然排名靠前，但并不是处于领头羊的位置。而环境质量平均值排名靠后的主要为内蒙古、山西、四川、贵州、吉林和黑龙江等西部地区和东北部地区省份的资源型和工业型城市。资源型和工业型城市以重工业和资源开采为主导产业，能源利用效率低，同时产业结构单一、资源依赖度高，导致环境污染问题突出。西部等欠发达地区具有丰富的石油、天然气等矿产资源，并且在长期的经济发展过程中，形成了以资源开发和原材料加工为主导的产业体系；接着通过引进东部地区相关淘汰产业，极大地推动了当地的发展，但也相应地导致了更多的环境问题（古冰，2010）。

4.4 本章小结

通过实证分析数字经济对环境质量的影响的前提是需要准确有效地对数字经济和环境质量进行测评。因此，本章首先在数字经济和环境质量文献述评的基础上，参考和借鉴现有研究内容，结合当前中国数字经济发展和环境质量的实际情况以及数据的可获得性和连续性，对中国城市数字经济和环境质量关键要素进行归纳和总结，构建数字经济和环境质量的评价指标体系，然后利用中国265个城市的面板数据，运用熵值TOPSIS法和主成分分析法分别对二者进行测算，并对中国的数字经济和环境质量现状进行分析。

结果显示，东部、中部、西部地区之间的数字经济发展呈现两极分化趋向，存在明显的“数字鸿沟”问题。这也意味着中国目前数字经济的发展呈现出空间不均衡特点，地区知识存量、信息技术应用水平和创新能力分布严重不平等。对于环境质量而言，环境质量较差的城市主要为东北部地区和西部地区省份城市。东北老工业基地的原有老工业企业聚集的地区存在大量的污染，并且东北地区资源型城市尤其是资源枯竭型城市的转型较为复杂。西部等欠发达地区产业结构以资源开采加工和原材料供应为主，其次受东部工业产业转移影响，导致了更多的环境问题。

第5章

数字经济对环境质量的影响效应检验

5.1 模型设定、指标选取与数据来源

5.1.1 模型设定

（1）基础模型。

本书将分析城市数字经济发展对环境质量的影响，选择的基本计量模型如下：

$$EQ_{it} = \alpha_0 + \alpha_1 DE_{it} + \alpha_c X_{it} + \mu_i + \sigma_i + \varepsilon_{it} \quad (5-1)$$

其中，EQ_{it}代表 i 市在 t 时期的环境质量；DE_{it}代表 i 市在 t 时期的数字经济发展水平；X_{it}反映一系列可能影响城市环境质量的控制变量；ε_{it}表示随机扰动项；α_0 为常数项，α_1 为数字经济发展系数，取值反映其对环境质量的影响；α_c 为控制变量的估计系数。在此基础上，经济的周期性波动以及宏观经济政策这类随时间变动的不可测因素可能会影响环境质量，为防止其导致估计的偏误，纳入时间固定效应 σ_i。与此同时，不同城市之间可能存在如地理位置、地域文化等不随时间变化的因素，为此在模型中纳入城市个体固定效应 μ_i。

（2）传导路径模型。

通过第 3 章理论分析，数字经济对环境质量不仅存在直接作用机制，

也存在通过产业结构升级和科技创新进而影响环境质量的传导路径，由此可以看出数字经济、产业结构、科技创新与环境质量之间存在着复杂而多变的作用机制，因此本书实证部分将检验数字经济影响环境质量的双重作用机制。考虑到联立方程可以消除不同方程扰动项之间可能存在的相关性问题。克服单一方程忽略了该联系并易导致内生性问题这一缺陷。因此通过建立面板联立方程模型将数字经济、科技创新与环境质量方程，数字经济、产业结构升级与环境质量方程作为两个整体进行估计，借鉴穆巴拉克（Mobarak，2005）的研究，构建如下两组联立方程模型，具体如下：

$$\begin{cases} EQ_{it} = \alpha_0 + \alpha_1 DE_{it} + \alpha_2 UI_{it} + \alpha_c X_{it} + \mu_i + \sigma_i + \varepsilon_{it} \\ UI_{it} = \beta_0 + \beta_1 DE_{it} + \beta_2 FDI_{it} + \beta V_{it} + \mu_i + \sigma_i + \varepsilon_{it} \end{cases} \quad (5-2)$$

$$\begin{cases} EQ_{it} = \alpha_0 + \alpha_1 DE_{it} + \alpha_2 TI_{it} + \alpha_C X_{it} + \mu_i + \sigma_i + \varepsilon_{it} \\ TI_{it} = \beta_0 + \beta_1 DE_{it} + \beta_2 GST_{it} + \beta_C Z_{it} + \mu_i + \sigma_i + \varepsilon_{it} \end{cases} \quad (5-3)$$

其中，环境质量（EQ）、产业结构升级（UI）与科技创新（TI）是上述两组联立方程模型的三个核心解释变量，X_{it}为影响环境质量的控制变量，V_{it}为影响产业结构的控制变量，Z_{it}为影响科技创新的控制变量。其中，α_1 表示数字经济对环境质量的直接影响，$\beta_1 \times \alpha_2$ 表示数字经济对环境质量的间接影响，总效应为 $\alpha_1 + \beta_1 \times \alpha_2$。

（3）曲线模型。

在研究经济发展与环境污染的关系问题中，*EKC* 模型已经得到广泛应用（Dinda，2004）。因此，本书借助 EKC 假说的分析框架探究数字经济与环境质量之间的关系，基于格罗斯曼和克鲁格（Grossman & Krueger，1995）、塞尔登和宋（Selden & Song，1994）、张红凤等（2019）等学者构建的 EKC 模型，引入数字经济（DE）的二次方项和三次方项，并采用简化型回归方程对其进行分析。简化型回归方程能够分析数字经济对环境质量的净影响，可以略去环保和科技创新等因素造成的影响，并且这类数据在获取时难度较大，有效性也值得商榷（陈向阳，2015）。因此，设定数字经济发展对环境质量的影响为三次模型，具体如式（5-4）所示：

$$EQ_{it} = \alpha_0 + \alpha_1 (DE)_{it} + \alpha_2 (DE)_{it}^2 + \alpha_3 (DE)_{it}^3 + \mu_i + \sigma_i + \varepsilon_{it} \quad (5-4)$$

考虑到环境质量会受到多种因素的影响，如人口密度、对外开放等，为了验证结果的稳健性，在此基础上加入控制变量，模型构建如下：

$$EQ_{it} = \alpha_0 + \alpha_1 (DE)_{it} + \alpha_2 (DE)_{it}^2 + \alpha_3 (DE)_{it}^3 + \alpha_c X_{it} + \mu_i + \sigma_i + \varepsilon_{it} \tag{5-5}$$

其中，α_1、α_2 和 α_3 的取值会导致非线性形态发生变化，主要包括以下几种：① $a_1>0$ 且 $a_2=0$，$a_3=0$ 时，环境质量随数字经济发展单调递增；② $a_1<0$ 且 $a_2=0$，$a_3=0$ 时，环境质量随数字经济发展单调递减；③ $a_1>0$，$a_2<0$ 和 $a_3=0$ 时，数字经济和环境质量呈现倒“U”型关系；④ $a_1<0$，$a_2>0$ 和 $a_3=0$ 时，数字经济和环境质量呈现“U”型关系；⑤ $a_1>0$，$a_2<0$ 和 $a_3>0$ 时，数字经济和环境质量呈现“N”型关系；⑥ $a_1<0$，$a_2>0$ 和 $a_3<0$ 时，数字经济和环境质量呈现倒“N”型关系。

（4）空间效应模型。

① 由于创新要素的溢出性特征，数字经济发展在不同城市之间的流动并不能孤立看待，某个城市的环境质量可能会受到其他城市数字经济的影响，忽略数字经济所伴随的空间相关性可能会导致有偏估计。因此，本章选用能够将数字经济的空间相关性考虑在内的空间计量分析法来考察数字经济发展与环境质量之间关系。鉴于数字经济发展对环境质量具有空间溢出影响的可能性，本章选用空间面板杜宾模型（SDM）来考察二者的关系。模型构建如下：

$$EQ_{it} = \alpha_0 + \delta WEQ_{it} + \alpha_1 DE_{it} + \alpha_c X_{it} + \theta_1 WDE_{it} + \theta c WX_{it} + \mu_i + \sigma_i + \varepsilon_{it} \tag{5-6}$$

当 SDM 模型分析的空间交互作用不存在，此时城市间只存在单向空间相关，即 $\theta_i = 0(i=1,\cdots,5)$ 时，SDM 模型退化为空间面板自回归模型（SAR）；当 SDM 模型中的空间交互项系数 θ_i、因变量空间滞后项系数 δ 以及回归系数 α_i 之间满足 $\theta_i = -\delta\alpha_i$ 时，其退化为空间面板误差模型（SEM）。

② 空间计量模型的直接效应、空间溢出效应和总效应的测算。莱萨格和佩斯（LeSag & Pace，2008）指出，偏微分方法可以避免点估计法对空

间效应解释的偏差。因此，基于空间效应作用的范围和对象的不同，将数字经济对环境质量的影响分为直接、间接和总效应。直接效应指数字经济对城市内环境质量的平均影响，间接效应又称空间溢出效应，指邻近地区数字经济发展对本地区环境质量的平均影响；总效应则是指数字经济发展对全部区域环境质量产生的平均影响。具体计算过程如下：

将 SDM 模型的一般形式转化为：

$$(I_n - \delta W) Y = ln\alpha'_0 + \alpha X + \theta WX + \varepsilon \tag{5-7}$$

令 $P(W) = (I_n - \delta W)^{-1}$，$Q_m(W) = P(W) \cdot (I_n \alpha_m + \theta_m W)$，则上式可转化为：

$$Y = \sum_{m=1}^{k} Q_m(W) X_m + P(W) \iota_n \alpha'_0 + P(W) \varepsilon \tag{5-8}$$

把式（5－8）转换成矩阵形式

$$\begin{bmatrix} Y_1 \\ Y_2 \\ Y_3 \\ \vdots \\ \vdots \\ Y_n \end{bmatrix} = \sum_{m=1}^{k} \begin{bmatrix} Q_m(W)_{11} & Q_m(W)_{12} & \cdots & Q_m(W)_{1n} \\ Q_m(W)_{21} & Q_m(W)_{22} & \cdots & Q_m(W)_{2n} \\ \vdots & \vdots & \vdots & \vdots \\ Q_m(W)_{(n-1)1} & Q_m(W)_{(n-1)2} & \cdots & Q_m(W)_{(n-1)n} \\ Q_m(W)_{n1} & Q_m(W)_{n2} & \cdots & Q_m(W)_{nn} \end{bmatrix} \begin{bmatrix} X_{1m} \\ X_{2m} \\ X_{3m} \\ \vdots \\ \vdots \\ X_{nm} \end{bmatrix} + P(W)(\iota_n \alpha'_0 + \varepsilon) \tag{5-9}$$

其中，$m = 1, 2, \cdots, k$ 表示第 m 个解释变量。等号右侧第一个矩阵为偏微分矩阵，对角线上的要素指特定某空间矩阵内 X_{ik} 变量的变化对该空间内被解释变量所导致的平均影响，即直接效应；非对角线上的要素则指特定空间矩阵内 X_{ik} 变量的变化对其他空间矩阵内被解释变量的平均影响，即空间溢出效应。直接、间接和总效应能够设定为：

$$D_i rect = \frac{\partial Y_i}{\partial X_{im}} = Q_m(W_{ii}), Ind_i rect = \frac{\partial Y_i}{\partial X_{jm}} = Q_m(W_{ij}),$$

$$Total = Q_m(W_{ii}) + Q_m(W_{ij}) \tag{5-10}$$

5.1.2 指标选取

（1）被解释变量。

本章的被解释变量为环境质量（EQ）。在本章的实证研究中使用前文测算的环境质量指数。另外，作为对照，利用熵值法对环境质量指标体系进行重新测算并用作稳健性检验。

（2）核心解释变量。

本章的核心解释变量为数字经济发展水平（DE），在本章的实证研究中使用前文测算的数字经济指数。另外，作为对照，选取数字普惠金融指数作为数字经济替代变量用作稳健性检验。

（3）传导变量。

科技创新（TI）。内生经济增长理论认为，创新是经济可持续增长和社会进步的重要手段。科技创新是减少能源消耗，提升能源利用效率，降低污染排放，推动环境改善的根本动力。当前，专利指标常被用于评价科技创新，是测度地区科技创新产出能力最重要的表现形式（闫沛慈和芮雪琴，2018）。本章选取专利授权量进行衡量。

产业结构升级（UI）。资源、能源密集型产业的发展是致使我国环境污染的主要因素，但随着经济结构的优化，产业逐渐由资源密集型转向知识技术密集型，并产生了技术的外溢效应，从而推动了产业污染的减少以及能源利用效率的提升，推动了环境质量的改善。并且在产业结构升级的进程中，数字经济促进了经济结构向知识化和服务化转变，第三产业的增速显著快于第二产业增速（吴敬琏，2008）。基于此，研究采用干春晖（2011）、严太华（2022）等学者研究，将第三产业产值与第二产业产值的比值来作为产业结构升级的代理变量。

（4）影响环境质量的控制变量。

本章在模型中加入控制变量从而避免遗漏相关解释变量而导致的内生性问题，在对一些因素进行控制的条件下分析数字经济发展对环境质量的影响。

①对外开放（FDI）。当前对于对外开放与环境质量的关系存在三种观点，即"对外开放有益论""对外开放有害论"和"对外开放中性论"（陆旸，2012）。持"对外开放有益论"的学者认为，对外开放促进经济增长，能够更有效地利用资源与科技来实现环境改善（Dean，2002）；对外开放能够获取发达地区的先进知识、技术和产品，产生溢出效应，有利于环境状况的改善（Antweiler et al.，2001；周靖和胡秋红，2018）。并且，跨国企业在落后地区会使用较当地企业更为先进的清洁技术和污染治理手段，能够提升当地环境质量（Eskeland & Harrison，2003）。"对外开放有害论"则持相反观点，依据"污染天堂"假说，对外开放对于不同经济体的影响具有异质性，其异质性的原因在于比较优势与国际分工模式的差别。在对外开放过程中，发达经济体会将能源资源密集型以及污染产业向欠发达地区转移，这虽然会促进欠发达地区的经济发展，但同时会对环境造成负面影响（包群和彭水军，2006）。除此以外，部分地区政府为追求经济高速增长，为吸引外部投资而放松环境规制，导致了更严重的污染问题（Cole et al.，2006）。"对外开放中性论"则对对外开放持有不确定的态度，格罗斯曼和克鲁格（Grossman & Krueger，1991）认为对外开放与环境质量的影响可以分解为规模效应、结构效应和技术效应，三者之间的交互会导致对外开放与环境质量的关系存在不确定特征，需要区分哪种因素占据主导地位。本章采用外商直接投资占GDP比重来衡量对外开放水平。外商直接投资根据当年中间汇率平均值折算成人民币计价。

②人口密度（PD）。城市的人口密度不但能够反映城市的发展程度，还能够反映人口空间集聚水平。关于人口密度对环境质量的影响，现有的研究依然无法给出一致的结论，论点主要分为三类。反向观点认为：人口密度会导致环境质量的恶化。人口密度高的地区会产生大量住房和能源消耗，同时在生活中造成大量的污染；人口集聚导致的交通问题，不利于机动车燃料的充分燃烧；并且居住密度的提升会影响风速，提升热岛效应，导致污染物扩散不畅（邵帅，2016）。正向观点认为：人口密度对于环境质量有显著的正向影响。人口密度增加能够促进资源有效利用，并产生集聚效应，公共基础设施能够为更多的人进行服务，推动利用效率的提升，

从而减少污染问题（肖周燕，2015；Glaeser & Kahn，2010）。本章主要采用年末总人口数除以区域面积来作为人口密度指标。

③ 经济发展水平（lnPGDP）。经济发展与环境质量的关系问题在前一章节中的EKC曲线理论中已进行了表述，这里不再赘述。经济发展水平是影响环境问题的重要因素，本章采用各个城市人均GDP的对数值（lnPGDP）来对其进行衡量，并利用GDP平减指数进行了不变价处理。

④ 财政分权度（FD）。当前国内关于财政分权对环境污染的影响主要持负向观点，认为财政分权度的提升会导致环境污染问题。财政分权体制会使地方政府为了寻求利益最大化，通过实行较为宽松的环境政策吸引外资进入，甚至以牺牲环境为代价换取经济的增长，而非关注环境质量的改善从而加剧了整体环境污染（谭志雄和张阳阳，2015）。当然，由于受到研究样本和研究对象的差异，其研究结果也存在一定差异。少数学者对两者的关系成正向观点，主要原因包括两个方面：首先，财政收入比重的增加实现了地方政府投资性偏好的相对降低，而环境服务和改善偏好相应增加；其次，财政分权推动了地方财政收入自主权的增加，能够根据当前经济发展需求和实际环境情形来制定更加有效的产业政策（王东和李金叶，2021）。借鉴张克中等（2011）的研究，本章采用财政预算内收入比支出来衡量。

⑤ 消费水平（lnCL）。社会公众消费行为与环境质量之间存在紧密的关联性，随着经济的发展，社会公众消费需求日益增加并呈现多样化，特别是电子设备、金属制品等工业产品消费增多，而这些产品源于高耗能产业；并且社会公众在日常消费中会消耗大量的能源，进而间接导致了自然资源的损耗以及环境污染的增加。因此，随着社会公众消费水平的增加，相对应的环境污染问题也日趋严重。借鉴丁焕峰（2021）等的研究，采用社会消费品零售总额的对数衡量。

（5）产业结构升级和科技创新的控制变量。

产业结构升级的控制变量包括对外开放（FDI）、经济发展水平（lnPGDP）、金融化水平（FIN）、政府干预（GOV）。由于政府行政和法律干预程度无法衡量，本章主要采用政府财政支出占GDP比重来代指政府经济干预程度（范洪敏，2018）。金融化水平（FIN）则用机构存贷款余额占地区生产总值的比值来表示。科技创新的控制变量主要包括对外开放（FDI）、金融化水平（FIN）、政府科技投资（GST）、政府教育投资（GIE）。其中政府科技投资（GST）用政府财政内科学技术支出进行衡量，政府教育投资（GIE）由政府财政内教育支出表示。

5.1.3 数据来源及相关说明

本章选取了中国265个地级市2011～2019年的面板数据作为考察对象，对于极个别的缺失数据，本章采用线性插值法予以补齐。变量的原始数据主要来源于《中国城市统计年鉴》、CNRDS数据库以及部分城市的统计年鉴。表5-1是本章主要变量的描述性统计结果。

表5-1 描述性统计结果

变量	含义	观测值	均值	中位数	标准差	最小值	最大值
EQ	环境质量	2385	0.476	0.479	0.0260	0.310	0.700
DE	数字经济	2385	0.040	0.025	0.065	0.006	0.801
PD	人口密度	2385	0.046	0.039	0.037	0.001	0.773
FD	财政分权	2385	0.479	0.447	0.218	0.070	1.541
lnCL	消费水平	2385	15.69	15.61	0.965	12.51	18.88
lnPGDP	经济发展	2385	10.40	10.32	0.641	8.668	12.39
FDI	对外开放	2385	0.018	0.013	0.018	1.12E-05	0.198
UI	产业结构	2385	0.962	0.849	0.517	0.175	5.168
TI	科技创新	2385	0.570	0.141	1.291	0.002	16.611

注：E表示0.00001。

5.2 基础实证结果分析

在实证分析前，分析变量之间的相关系数与方差膨胀系数来判别变量的多重共线性问题。变量之间的相关系数基本小于0.7，方差膨胀系 max{vif1,vif2…,vifk} =2.97,mean{vif1,vif2…,vifk} =2.13，均小于10，表明变量之间不存在多重共线性问题。

5.2.1 基准回归分析

本书通过混合回归、固定效应模型进行基本估计，F 检验的 P 值为0.00，固定效应模型比混合回归模型更有效。进行随机效应估计和 Hausman 检验，Hausman 检验结果表明，应使用固定效应而非随机效应模型。为剔除异常值扰动，对连续变量进行上下 1% 的缩尾处理。对可能存在的遗漏变量所导致的内生性问题，通过构建面板数据的时间个体双固定效应模型进行缓解。

表 5-2 报告了数字经济影响城市环境质量的计量结果。本节先采用普通最小二乘法（OLS）进行回归，以初步检验数字经济发展对环境质量的影响。结果显示数字经济发展对环境质量的回归系数为0.2023，通过了1% 的显著性检验，这说明数字经济发展与环境质量之间存在显著正向关系。列（2）则加入了一系列控制变量来缓解对因果效应估计的干扰；列（3）考虑了不随时间变化的城市层面的非观测效应的影响；进一步地，列（4）加入时间固定效应，数字经济发展对环境质量的显著正向影响依然存在。

表 5-2　　数字经济影响城市环境质量的基本回归结果

变量	(1)	(2)	(3)	(4)
DE	0.2023*** (21.93)	0.1632*** (15.02)	0.0766*** (7.33)	0.0537*** (5.27)
PD		0.0801*** (5.50)	-0.1294* (-1.88)	-0.1277* (-1.96)
FD		-0.0515*** (-18.85)	-0.0191*** (-5.30)	0.0011 (0.29)

续表

变量	(1)	(2)	(3)	(4)
lnCL		−0.0054*** (−9.90)	−0.0015 (−0.93)	−0.0033** (−2.06)
lnPGDP		0.0209*** (20.82)	0.0553*** (19.77)	−0.0115* (−1.81)
FDI		0.0762*** (3.08)	0.0002 (0.01)	0.0501** (2.02)
Con	0.4681*** (882.87)	0.3577*** (34.86)	−0.0634*** (−4.41)	0.6281*** (10.25)
ID	NO	NO	YES	YES
Year	NO	NO	NO	YES
Obs	2385	2385	2385	2385
R^2	0.168	0.329	0.598	0.639

注：括号内的数值为t值或z值，*、**、***分别表示在10%、5%、1%的水平下显著。

控制变量中，人口密度对环境质量的影响显著为负，这是由于城市人口密度增加导致了生产和消费行为激增，资源消耗速度加快；并且居住密度的提升会影响风速，导致污染物扩散不畅，从而不利于环境改善。消费水平对环境质量的影响显著为负，意味着随着消费水平的提升，对资源的需求量也在不断增长，间接导致了自然资源的损耗以及环境污染的增加。经济发展对环境质量的影响显著为负，表明在样本期间，随着经济水平的提高，环境质量会出现一定的恶化。经济发展会带来更多的资源和能源消耗，并且部分地区和行业还在通过资源能源的粗放利用以及环境污染为代价实现经济发展。但同时，随着经济高质量发展的深化，社会对生态环境也提出更高的要求，不断增强污染防治力度，推动环境保护。企业不断创新绿色清洁技术，改进生产工艺，实现生产运作的污染排放降低。显然，经济发展所带来环境负面效应在样本期间还处于主导地位。对外开放变量对环境质量的影响显著为正，说明对外开放能够获取发达地区的先进知识、技术和产品，产生溢出效应，有利于环境状况的改善。

5.2.2 内生性问题讨论

基准回归结果显示，城市数字经济发展对环境质量存在显著正向影响。但受到潜在的内生性问题影响，回归结果可能存在偏误。潜在内生性问题可能来源于两个方面：首先是遗漏变量，尽管本章综合考虑了影响环境质量的各项因素以及随时间变化或非变化的非观测因素，仍会遗漏部分难以测度及衡量的指标；其次为双向因果关系，即城市环境质量可能会影响数字经济发展。这是因为城市环境质量在一定程度上反映了地区高质量发展的水平，而高质量发展与数字经济发展存在协同共生的态势。

因此，本节采用两阶段最小二乘法（2SLS）解决可能存在的内生性问题。借鉴黄群慧和余泳泽等（2019）的工具变量选择以及纳恩和钱（Nunn & Qian，2014）的面板工具变量构建方式，以上一年全国互联网用户数与1984年各城市每万人电话机数量构造交乘项，作为城市数字经济发展水平的工具变量，记为TLE。选择此变量的原因是，我国社会中互联网的广泛应用是由电话线拨号接入为初始，这一现象导致了历史上固定电话普及率较高的地区相对应的互联网普及率也较高。而互联网的普及代表着信息基础设施的建设和信息技术的应用，进而影响到后续阶段数字经济的发展；依据有线通信工具在使用上的排他性、关联性及外生性属性，意味着早期固定电话的台数多少与对应的区域环境质量的优劣没有太大联系，并且随着经济的迅速发展，社会生活水平的提高，传统的有线通信工具已经逐渐退出市场，对环境质量的影响也随之微弱。

工具变量回归结果如表5-3所示。第一阶段的回归结果表明，工具变量与数字经济之间呈正向关系，工具变量（1）阶段的F统计量高于10，排除弱工具变量问题（孙传旺等，2019）。Kleibergen-Paap rk LM 为33.554，p值为0.000，Kleibergen-Paap Wald rk F 为45.695，大于10%水平上的临界值。表明工具变量既通过了弱工具变量检验，也拒绝不可识别的原假设，基于上述检验，可以得出选取历史上各城市电话机数量与上一年全国互联网用户数的交乘项作为数字经济的工具变量具有合理性。

表 5 - 3　　工具变量回归结果

变量	(1) first	(2) second	(3) first	(4) second
TLE	0.0001 *** (6.76)			
L.DE			0.7909 *** (12.92)	
DE		0.2026 *** (4.53)		0.0562 *** (3.48)
PD	1.3599 *** (2.61)	-0.3321 * (-1.84)	0.3563 (1.28)	-0.1823 * (-1.73)
FD	0.0027 (0.31)	0.0017 (0.47)	0.0001 (0.02)	-0.0000 (-0.00)
lnCL	0.0032 (0.89)	-0.0031 (-1.63)	-0.0016 (-0.53)	-0.0048 *** (-2.86)
lnPGDP	-0.0505 ** (-2.51)	-0.0021 (-0.25)	-0.0254 (-1.59)	-0.0180 ** (-2.29)
FDI	-0.1169 *** (-2.72)	0.0748 *** (2.88)	0.0451 (1.08)	0.0506 ** (1.98)
Con	0.4760 ** (2.30)	0.5847 *** (6.74)	0.3277 ** (2.07)	0.8029 *** (9.45)
ID	YES	YES	YES	YES
Year	YES	YES	YES	YES
Obs	2385	2385	2120	2120
R^2	0.842	0.827	0.917	0.849

注：括号内的数值为 t 值或 z 值，*、**、*** 分别表示在 10%、5%、1% 的水平下显著。

从结果可以发现，在考虑内生性问题之后，城市数字经济对环境质量仍然产生显著正向影响。在此基础上，为了防止选取的工具变量不恰当所导致的回归结果偏误，进一步选择滞后一期的数字经济发展水平作为当期数字经济发展水平的工具变量进行稳健性检验。结果为表 5 - 3 的列（3）、列（4）。估计结果显示，虽然两种不同的工具变量回归结果在系数上存在一定差别，但数字经济对环境质量的影响仍然在 1% 水平下显著为正，这表示研究结论具有有效性。

5.2.3 异质性分析

以上对数字经济与环境质量的分析，主要是基于整体影响效应。但值得注意的是，由于地理位置、资源禀赋、发展模式和结构的不同，各地区在数字经济和环境质量水平上表现出一定的异质性。因此，地区的异质性特征对数字经济影响环境质量的效应是否存在差异仍需要论证，有必要对此进行深入讨论。结合我国地区实际发展状况，本部分重点从区位优势、城市资源禀赋、科技创新和产业结构差距这四个层面分析数字经济对环境质量的异质性影响。

5.2.3.1 区域异质性

区域地理位置的不同是否会使得数字经济在不同区域内对环境质量的改善效应存在差异？本节将样本划分为东部、中部和西部地区进行区域异质性检验。表5－4分别列举了东部、中部和西部地区的估计结果，可以看出，不同区域内数字经济发展对环境质量的影响有所不同。

表5－4　　区域和城市规模异质性检验

变量	(1) 东部	(2) 中部	(3) 西部	(4) 大型	(5) 中型	(6) 小型
DE	0.0553*** (4.58)	0.0512*** (2.90)	−0.0302 (−0.76)	0.0485*** (4.53)	0.0433* (1.69)	−0.0123 (−0.35)
PD	−0.2270*** (−3.06)	0.2128 (1.19)	0.4682 (1.48)	−0.2104*** (−3.18)	−0.4610** (−2.43)	0.7585*** (2.80)
FD	0.0093 (1.42)	0.0001 (0.02)	−0.0171 (−1.60)	0.0039 (0.87)	−0.0234*** (−3.59)	0.0003 (0.05)
lnCL	−0.0079*** (−2.99)	0.0017 (0.56)	−0.0020 (−0.60)	−0.0045** (−2.11)	−0.0002 (−0.07)	−0.0001 (−0.06)
lnPGDP	−0.0019 (−0.18)	−0.0566*** (−3.91)	−0.0093 (−0.66)	0.0011 (0.14)	0.0497*** (9.26)	−0.0335*** (−3.14)

续表

变量	(1) 东部	(2) 中部	(3) 西部	(4) 大型	(5) 中型	(6) 小型
FDI	0.0525 (1.46)	0.0230 (0.66)	0.0083 (0.10)	0.0145 (0.50)	0.0608 (1.29)	0.1849 *** (3.98)
Con	0.6075 *** (5.58)	0.9854 *** (7.49)	0.5699 *** (4.31)	0.5241 *** (6.83)	-0.0028 (-0.09)	0.7669 *** (7.77)
ID	YES	YES	YES	YES	YES	YES
Year	YES	YES	YES	YES	YES	YES
Obs	900	882	603	756	774	855
R^2	0.665	0.578	0.607	0.689	0.570	0.564

注：括号内的数值为t值或z值，*、**、***分别表示在10%、5%、1%的水平下显著。

总体来看，数字经济推动了我国东部和中部地区的环境质量。对东部地区而言，数字经济对环境质量表现出了显著促进作用，且促进效应最强，影响系数为0.0553；在中部地区，这一影响效应出现了一定程度的降低，影响系数为0.0512，而在西部地区，影响效应为负且不显著。这一结果产生的可能原因在于：一方面，数字经济具备价值增值性、高附加性和外部性，使其能够实现边际效应的递增；另一方面，我国东部地区数字经济基础较好，并且具有更大的环境质量提升空间，依靠完善的数字化产业和产业数字化基础，数字经济驱动的生态环境红利能够有效迸发。西部地区则因为数字基础设施较为薄弱，数字经济发展水平较低，当前对环境质量的推动力还难以展现出来。

5.2.3.2 城市规模异质性

城市规模异质性意味着大型、中型、小型城市之间的经济发展水平、基础设施建设、人口密度等存在差异，这也导致了城市在数字经济发展水平和生态环境治理水平上存在差异。因此，数字经济对环境质量的影响可能存在异质性。根据国发（2014）51号文件《关于调整城市规模划分标准的通知》，以50万人和100万人为临界值，将城市规模按城区常住人口划分为大型、中型、小型城市，估计结果如表5-4的列（4）、列（5）、列（6）所示。本节发现，大型城市与中型城市的数字经济发展都显著促进了城市环境质量改善，并且大型城市的数字经济环境效应更强；而在小城市，影响效应为负且不显著。这是因为对于大型城市而言，其经济发展水平较高、互联网普及程度广，拥有较好的数字经济发展基础，可以充分挖掘其污染治理和环境优化的潜能，进而展现出环境可持续发展效应。而小型城市处于渐进式更新改造的初期，重点着力于如何推动经济高速发展，数字经济环境效应还未真正展现出来。

5.2.3.3 城市资源异质性

资源开采、加工和消耗是影响生态环境的主要因素之一。与一般城市相比，资源型城市因资源而兴起，经济发展也主要依靠资源型产业，产业结构较为单一，自然资源开发利用对经济发展贡献率较大。然而自然资源的过快开发会导致资源衰竭、环境污染和生态环境的破坏。因此，资源型城市和非资源型城市数字经济的环境推动效应可能存在一定差异。

依据《全国资源型城市可持续发展规划（2013－2020年）》中界定的资源型城市，将样本城市划分为资源型城市102个，非资源型城市163个。从表5－5中列（1）和列（2）的回归结果可以发现，无论是资源型城市还是非资源型城市，数字经济发展都显著促进了城市环境质量的改善，并且资源型城市数字经济发展对环境质量的影响程度显著高于非资源型城市。第一，在数字经济的驱动以及政府的助力下，资源型城市的资源消耗型和污染密集型企业通过加强数字化转型，提升信息技术投入，实现生产技术和水平的提升。虽然企业需要额外付出一定的生产成本和代价，但是能因此更多地激发节能减排效应。除此以外，资源型产业将着力点放在生产结构的优化升级和提质增效上，能够极大地整合和优化产业资源配置，降低资源和能源的消耗，推进产业多元化绿色发展，从而为区域环境质量提升和改善提供重要支撑。第二，我国资源型城市由于是以自然资源开采和加工为主导产业的城市，其本身的环境问题就比较严重，因此数字经济发展的环境改善空间更大。这两点原因使得资源型城市数字经济发展能够发挥出“雪中送炭”的作用。

表5-5 资源、科技创新和产业结构异质性检验

变量	(1) 资源型	(2) 非资源型	(3) 强科技创新	(4) 弱科技创新	(5) 高产业结构	(6) 低产业结构
DE	0.091** (2.17)	0.067*** (6.32)	0.0608*** (5.15)	0.0447** (2.21)	0.0549*** (4.88)	-0.0085 (-0.27)
PD	0.466** (2.36)	-0.160** (-2.34)	-0.2166*** (-2.93)	0.1074 (0.78)	-0.2105*** (-3.05)	0.3669** (2.02)
FD	0.002 (0.37)	0.001 (0.14)	0.0103* (1.86)	-0.0153*** (-2.89)	0.0055 (0.98)	0.0005 (0.09)
lnCL	0.004 (1.46)	-0.007*** (-3.74)	-0.0024 (-1.10)	-0.0030 (-1.25)	-0.0112*** (-3.95)	0.0007 (0.34)
lnPGDP	-0.034*** (-3.29)	0.004 (0.49)	0.0066 (0.82)	0.0504*** (11.92)	0.0043 (0.48)	-0.0312*** (-3.35)
FDI	0.024 (0.54)	0.042 (1.41)	0.0204 (0.68)	0.0483 (1.10)	-0.0249 (-0.72)	0.1232*** (3.53)
Con	0.718*** (7.57)	0.543*** (6.80)	0.4318*** (5.44)	-0.0017 (-0.07)	0.5988*** (6.62)	0.7428*** (8.63)
ID	YES	YES	YES	YES	YES	YES
Year	YES	YES	YES	YES	YES	YES
Obs	918	1467	1188	1197	1188	1197
R^2	0.673	0.629	0.680	0.578	0.684	0.606

注：括号内的数值为t值或z值，*、**、***分别表示在10%、5%、1%的水平下显著。

而非资源型城市未受初始资源的发展限制，其创新资源要素众多，产业结构更加完善，环境质量也相对较好，这也使得非资源型城市数字经济发展和对其环境质量的影响仅仅发挥着“锦上添花”的作用。

5.2.3.4 科技创新异质性

上文机制分析指出，推动数字经济发展能够促进科技创新进而改善环境污染。因此，科技创新能力较强的城市其数字经济的环境改善水平更高。基于此，本节通过计算得到各城市专利授权数的平均值，如果该城市科技创新水平平均值高于样本中位数，则将其划归“强科技创新城市”，反之则将其划归“弱科技创新城市”。估计结果如表5-5列（3）和列（4）所示。结果显示，数字经济对环境质量的影响系数在“强科技创新城

市”中更强，意味着数字经济对环境质量的高效驱动需要依靠一定的外部条件。强科技创新城市的支撑产业主要为知识密集型和科技密集型产业，更偏好于通过信息技术对生产过程和方式进行革新，进而激发数字经济的环境改善作用力。这也表明了随着创新能力的提升，数字经济对环境质量的促进作用也在增强。

5.2.3.5 产业结构异质性

产业结构升级是数字经济影响环境质量的又一核心机制。通过计算得到样本各城市产业结构指数的平均值，并根据平均值中位数将样本划分为“高产业结构城市”和“低产业结构城市”。估计结果如表 5－5 列（5）和列（6）所示。可以看出，数字经济发展提升了高产业结构城市的环境质量，但对低产业结构城市作用系数不显著，即数字经济发展的环境改善效应仅在高产业结构城市中存在。原因可能在于，对于数字经济的应用需要一定的产业基础，高产业结构地区多以知识和信息作为产业的主导要素，这样不但有利于数字经济的发展，而且减少了生产过程中对自然资源要素的消耗，从而对环境质量产生直接推动作用。基于此，地方政府在推动数字经济发展时，也需要考虑地区的科技创新水平和产业结构等作用因素，通过协调发展进而增强数字经济的环境改善作用。

5.2.4 传导路径检验

本节基于面板联立方程模型检验数字经济、产业结构和科技创新对环境质量的传导路径。通过三阶段最小二乘法（3SLS）检验面板联立方程，不仅能够缓解模型潜在的内生性问题，并能够有效识别各变量及扰动项间的联系，能够增强联立方程检验准确性和有效性。

3SLS 的估计过程如下：首先采用最小二乘法方法进行测算，通过建立方程组获得简化式方程，测算获得各内生变量的拟合值；其次根据前面设定的方程组中的拟合值代替结构方程中右边的内生解释变量，采用最小二乘法估计上述方程组中的参数，随后根据估计过程中获取的残差值对扰动项方差与协方差的一致估计量进行推算；最后根据广义 OLS 将权重估计设置为第二步中方差与协方差的一致估计值，从而计算出 3SLS 估计值。

表5-6可以看出，在运用3SLS 对联立方程组进行回归后，在产业结构升级和科技创新的传导路径影响下，数字经济与环境质量的回归结果依然为正，并分别在1%和10%的水平下显著。

表5-6　　传导路径检验

变量	(1) EQ	(2) UI	(3) EQ	(4) TI
DE	0.0520*** (5.92)	0.7057*** (4.24)	0.0244* (1.93)	3.1212*** (10.81)
UI	0.0057*** (2.66)			
TI			0.0044*** (3.49)	
PD	-0.1281** (-2.23)		-0.2003*** (-3.06)	
FD	0.0004 (0.12)		0.0018 (0.51)	
lnCL	-0.0014 (-0.95)		-0.0033** (-2.25)	
lnPGDP	-0.0061 (-1.45)	0.3970*** (4.96)	-0.0139** (-2.31)	
FDI	0.0435** (2.04)	0.0738 (0.18)	0.0628*** (2.68)	-4.1842*** (-6.75)
FIN		0.1344*** (12.90)		-0.0235* (-1.66)
GOV		2.1244*** (14.99)		
GST				0.0121*** (13.57)
GIE				0.0052*** (12.20)
Con	0.5949*** (12.67)	-3.2657*** (-3.61)	0.7293*** (11.40)	-0.1885 (-1.64)
ID	YES	YES	YES	YES
Year	YES	YES	YES	YES
Obs	2385	2385	2385	2385
R^2	0.851	0.912	0.844	0.952

注：括号内的数值为t值或z值，*、**、***分别表示在10%、5%、1%的水平下显著。

在回归结果的基础上，对科技创新和产业结构传导路径下数字经济影响环境质量的直接、间接和总效应进行分析。

（1）数字经济—产业结构升级—环境质量的传导路径分析。

在产业结构的传导路径中，数字经济对环境质量的总效应为0.056，这包含直接效应和间接效应，数字经济影响环境质量的直接效应值为0.052；通过产业结构升级影响环境质量的间接效应值$\beta_1 \times \alpha_2$为0.004，即存在“数字经济↑→产业结构升级↑→环境质量↑”，这意味着数字经济通过产业结构升级间接影响了环境质量。数字经济的发展能够推动产业部门生产要素的合理配置，伴随着产业结构的升级，推动冗余资源流向短缺部门，提高了资源配置效率，促进经济发展由粗放型转向集约型发展，实现了环境改善。

（2）数字经济—科技创新—环境质量的传导路径分析。

在科技创新投入的传导路径中，数字经济对环境质量的总效应为0.0381，直接效应值为0.0244；通过科技创新投入影响环境质量的间接效应$\beta_1 \times \alpha_2$为0.0137，即存在“数字经济↑→科技创新投入↑→环境质量↑”。这意味着数字经济的发展推动了科技创新投入，进而优化了环境质量。首先，数字经济发展促进了信息技术在社会生产活动中的深入应用，实现了与生产要素的深度融合，为优化资源配置和重组提供了重要支撑，促进科技创新与升级，实现能源资源利用效率的提升，进而减少污染排放。其次，数字经济提高了产业创新技术和取得先进知识的有效性和方便性，激励产业深入应用清洁技术，促进产业绿色发展，实现节能减排。

5.2.5 环境库兹涅茨曲线检验

前文主要从线性相关的角度分析了数字经济对环境质量的影响效应和传导路径机制。研究发现，数字经济显著促进了环境质量的改善。但是，要全面有效地分析数字经济对环境质量的作用机制，应重点关注二者间可能存在的某些约束机制。值得注意的是，数字技术在实体经济活动中的深入应用，加速了数字经济与实体经济的深度融合，催生新的经济增长点，促进数字产业化和产业数字化的双向发展，因此其规模效应和创新效应之间呈现出动态演进的趋势。并且从第 3 章的影响机理研究中可以得出，虽然数字经济所带来的规模效应从一定程度上会增加能源消耗和环境污染，但数字经济通过科技创新和产业结构升级来实现对环境质量的驱动效应更为明显。因此，总体来说，数字经济能够推动环境质量的改善，但也由此决定了数字经济与环境质量之间并非简单的线性关系，而可能存在着复杂的非线性约束。本节在前文线性检验的基础上，以环境库兹涅茨曲线（EKC）为理论基础，构建曲线模型，以期揭示数字经济对环境质量的非线性影响规律及其促进机制。

改革开放后，我国工业持续高速发展，已成为我国经济增长的主要动力，然而工业化的迅速推进加剧了随之而来的环境污染问题。以环境质量作为研究对象，分析中国 EKC 曲线的重大意义并不是提供某种安慰性的预言，而是帮助政府认清经济发展与环境保护的关系，为促进经济增长和改善环境质量提供理论支撑。当前，我国已步入数字经济全球化时代，经济发展也由高速发展向高质量发展转变。信息技术的迅猛发展，为数字经济发展带来了重要的契机，数字经济正成为促进产业结构升级、生产效率变革、发展质量提升的关键驱动力，其发展前景非常广阔。除此之外，数字经济对 GDP 的贡献不断上升，成为驱动我国经济增长的核心动力。数字经济的发展在很大程度上反映出了区域经济可持续增长的情况。因此，在此情境下探究数字经济与环境质量之间是否存在环境库兹涅茨曲线具有一定意义。

首先采用简化型回归模型进行回归，以初步检验数字经济发展对环境质量的影响，其次在此基础上加入控制变量进行稳健性检验。借鉴沙非克和班迪奥帕迪亚雅（Shafik & Bandyopadhyay，1992）的研究，先设定数字经济（DE）的立方项形式进行检验，如果 DE 立方项不显著，则设定 DE 的平方项重新进行检验；如果 DE 的平方项不显著，则认为数字经济与环境质量之间为线性关系。结果如表 5－7 所示。

表 5-7 曲线检验结果

变量	(1)	(2)	(3)
DE	0.7576*** (13.60)	0.7455*** (12.05)	0.4167*** (7.57)
DE^2	-5.0602*** (-9.46)	-4.6817*** (-8.85)	-1.3951*** (-3.22)
DE^3	10.5970*** (8.72) 1	9.3802*** (8.06)	1.7159* (1.87)
PD		0.0989*** (6.85)	-0.0523 (-1.22)
FD		-0.0503*** (-18.67)	-0.0317*** (-8.79)
lnCL		-0.0064*** (-11.60)	0.0027* (1.79)
lnPGDP		0.0169*** (15.78)	0.0176*** (7.98)
FDI		0.0779*** (3.22)	-0.0366 (-1.30)
Con	0.4573*** (385.75)	0.3997*** (35.88)	0.2444*** (14.70)
ID	NO	NO	YES
Year	NO	NO	YES
Obs	2385	2385	2385
R^2	0.202	0.354	0.774

注：括号内的数值为 t 值或 z 值，*、*** 分别表示在 10%、1% 的水平下显著。

列（1）是分析数字经济对环境质量的净影响，DE 的一次项和三次项显著为正，而二次项显著为负，说明数字经济对环境质量的影响表现为驱动—抑制—驱动的“N”型关系。列（2）在此基础上加入控制变量，列（3）进一步考虑时间和地区固定效应，结论依然显著。呈现出这种“N”型关系的原因可能是具有基础性、先导性及革新性的产业在驱动经济创新发展上所起到的关键性作用，而数字产业是数字经济时代驱动发展的基础性和先导性产业。在数字经济发展的初始阶段是以数字产业化为主，而数字产业化本身具备环境友好型特征。因此，数字经济发展的初期推动了环境质量改善。而在发展中期，产业数字化逐步占据数字经济发展的主导地位，产业数字化推动了生产规模的扩大，而生产规模的扩大则意味着需要消耗更多的能源，排放更多的污染。这时，产业数字化所造成的规模效应超过了其对科技创新和产业结构升级的驱动力，并占据了主导地位，这也导致了数字经济抑制了环境质量的改善。但伴随着数字经济逐渐步入成熟阶段，数字技术在产业中的应用价值日趋得到认可与重视，数字产业化和产业数字化稳步发展，产业链和价值链也开始向更高的水平发展。在这种情形下，数字经济对环境质量的直接促进作用以及产业结构升级和科技创新的间接促进作用逐渐取代规模效应的抑制作用，从而实现环境质量的改善。

进一步可以计算出曲线的转折点位于 DE 的 0.1204 和 0.1980 的临界值处。这一估计结果的经济意义是：当数字经济发展水平低于 0.1204 时，该城市环境质量将随着数字经济的发展而得到快速改善；当数字经济发展水平超过 0.1204 的转折点时，数字经济发展水平的提高将会不利于环境质量的改善，但抑制的效用较弱；当数字经济发展水平突破了 0.1980 后，环境质量又将随着数字经济的发展而得到改善，并且促进效用较高。以上实证结果表明，数字经济虽然会在某一阶段抑制环境的改善，但其抑制作用较为轻微。值得注意的是，大多数城市的数字经济水平位于 0.1204 以下，并且从总体来看，数字经济对环境质量的促进效用较强。因此，现阶段更需要发挥数字经济对环境质量的推动作用。

5.3 空间效应分析

由于不同区域间的经济活动和发展持续内外联动，各区域间的交互状态不断呈现出来。信息技术的成熟发展与应用是数字经济快速发展的重要前提，现代信息网络是数字经济得以存续和发展的关键载体。因此，数字经济所具有的渗透性、交融性及协同性，使其发展可不受空间地理的束缚，能完成跨区域和空间的生产协作，从而出现空间溢出影响，这导致其他地区的数字经济发展可能会影响本地区环境质量。因此，本节利用空间计量方法来分析数字经济与环境质量的空间效应。

5.3.1 空间自相关性检验

关于数字经济和环境质量的空间相关性的检验和测试分析，利用莫兰指数（Moran's I 指数）进行计算，具体方法如下：

$$Moran's\ I = \frac{n}{\sum_{i=1}^{n}\sum_{j=1}^{n}W_{ij}} \times \frac{\sum_{i=1}^{n}\sum_{j=1}^{n}W_{ij}(X_i - \bar{X})(X_j - \bar{X})}{\sum_{i=1}^{n}(X_i - \bar{X})^2} \tag{5-11}$$

莫兰指数主要检验区域范围内数字经济和环境质量的相关程度，其取值范围在 -1 ~ 1，当 Moran's I 指数为正，则说明检验区域范围内呈现出正相关性；当指数为负，则呈现出负相关。W 为空间权重矩阵，本节选择的是空间地理距离权重矩阵。

数字经济和环境质量的全局 Moran's I 指数及检验结果如表 5-8 所示。总体而言，核心变量数字经济和环境质量的全局 Moran's I 指数值在 0.013 ~ 0.036，表明我国各市数字经济和环境质量大体呈现出正相关关系，p 值均在 0.01 的水平下显著。

表 5-8　历年数字经济与环境质量的全局 Moran's I 指数值

年份	变量	Moran's I	期望值	标准差	Z 值	p 值
2011	EQ	0.036	-0.004	0.007	5.327	0.000
	DE	0.029	-0.004	0.007	4.687	0.000
2012	EQ	0.029	-0.004	0.007	4.428	0.000
	DE	0.017	-0.004	0.006	3.554	0.000
2013	EQ	0.027	-0.004	0.007	4.070	0.000
	DE	0.013	-0.004	0.005	3.058	0.001
2014	EQ	0.025	-0.004	0.007	3.916	0.000
	DE	0.019	-0.004	0.005	4.520	0.000
2015	EQ	0.024	-0.004	0.007	3.773	0.000
	DE	0.031	-0.004	0.007	5.227	0.000
2016	EQ	0.019	-0.004	0.007	3.074	0.001
	DE	0.034	-0.004	0.007	5.639	0.000

续表

年份	变量	Moran's I	期望值	标准差	Z 值	p 值
2017	EQ	0.018	-0.004	0.007	3.057	0.001
	DE	0.029	-0.004	0.007	4.913	0.000
2018	EQ	0.015	-0.004	0.007	2.664	0.004
	DE	0.026	-0.004	0.007	4.273	0.000
2019	EQ	0.013	-0.004	0.007	2.412	0.008
	DE	0.034	-0.004	0.007	5.257	0.000

本书参考韦加和埃尔霍斯特（Vega & Elhorst，2015）的检验思路，从四方面对空间计量模型进行检验，如表5-9所示。首先，LM检验结果表明SEM模型、SAR模型均适用（LM_Spatial lag、Robust LM_Spatial lag、LM_Spatial error、Robust LM_Spatial error检验统计量在1%的水平下显著）；其次，SEM和SAR的Wald统计量和LR统计量均在1%的水平下显著，表明SDM模型不会简化为SEM模型或SAR模型；再次，Hausman检验在1%的水平下显著，故应选择带固定效应的空间杜宾模型；最后，LR检验结果显示应使用时间空间双固定效应。

表5-9　　　　　　　　模型识别检验

统计量	数值	P值
Moran's I	9.590	0.000
LM_Spatial error	7.599	0.006
Robust LM_Spatial error	7.097	0.008
LM_Spatial lag	5.903	0.015
Robust LM_Spatial lag	5.401	0.020
Hausman	32.34	0.0021
Wald_Spatial error	28.66	0.0001
LR_Spatial error	29.21	0.0000
Wald_Spatial lag	33.27	0.0000
LR_Spatial lag	33.15	0.0000
LR ind nested in both	23.26	0.0098
LR time nested in both	2773.41	0.0000

5.3.2 空间面板回归分析

空间自相关检验定量表明数字经济和环境质量具有一定程度的区域相关性，基于此后文将对空间面板计量模型展开分析，以便揭示数字经济对环境质量的空间溢出效应。基于空间地理距离矩阵的测算结果如表5-10所示。可以得出，无论是利用静态还是动态空间面板模型，研究结果都显示数字经济对环境质量产生显著正向影响，结果具有稳健性。时间空间固定效应下，动态回归的数字经济系数相较静态回归结果有所下降。因此，可分析出静态模型高估了数字经济对环境质量的空间效应，动态模型可以进一步修正静态模型。

表5-10　　　　空间面板回归结果

变量	静态回归			动态回归
	空间固定	时间固定	时间空间固定	时间空间固定
L. EQ				0.5577*** (29.74)
DE	0.0637*** (6.50)	0.1498*** (14.37)	0.0749*** (7.68)	0.0559*** (7.92)
PD	-0.0930 (-1.50)	0.0933*** (6.39)	-0.0626 (-1.02)	-0.2651*** (-4.35)
FD	-0.0005 (-0.15)	-0.0173*** (-5.32)	-0.0064* (-1.69)	-0.0029 (-0.72)
lnCL	-0.0000 (-0.00)	-0.0084*** (-15.95)	-0.0009 (-0.56)	0.0008 (0.48)
lnPGDP	-0.0046 (-0.76)	0.0113*** (10.62)	0.0028 (0.42)	-0.0191* (-1.66)
FDI	0.0632*** (2.65)	0.0635*** (2.71)	0.0365 (1.55)	0.0076 (0.36)
W×DE	0.5849*** (4.07)	0.7429*** (2.68)	1.0136*** (3.59)	0.5288** (2.56)

续表

变量	静态回归			动态回归
	空间固定	时间固定	时间空间固定	时间空间固定
W×PD	1.7547 (1.56)	-1.0102** (-2.19)	-2.0524 (-0.82)	-4.9150* (-1.81)
W×FD	-0.0136 (-0.52)	0.0016 (0.02)	-0.3429*** (-3.41)	-0.1448 (-1.27)
W×lnCL	0.0868*** (5.26)	0.1053*** (3.37)	-0.0413 (-1.28)	-0.0230 (-0.66)
W×lnPGDP	-0.1302*** (-3.86)	-0.0533 (-1.18)	0.5578*** (3.15)	0.2455 (1.44)
W×FDI	0.8787** (2.01)	-3.1390*** (-2.61)	-0.3793 (-0.46)	0.0411 (0.05)
Spatial rho	0.4744*** (4.34)	-1.4915*** (-4.05)	-1.4856*** (-4.04)	1.2280*** (2.84)
ID	YES	NO	YES	YES
Year	NO	YES	YES	YES
Obs	2385	2385	2385	2385
R^2	0.633	0.614	0.626	0.629

注：括号内的数值为t值或z值，*、**、***分别表示在10%、5%、1%的水平下显著。

利用求解偏微分方程的方法就数字经济对环境质量的影响进行分解（直接效应、间接效应、总效应）。

静态回归分解结果如表5－11所示。表中列举了空间固定效应回归和时间空间双固定效应回归的分解结果。以时间空间双固定效应回归为例，在直接效应中，数字经济发展对环境质量产生正向影响，在1%水平下显著；在间接效应中，数字经济发展同样对环境质量产生正向影响，且在5%水平下显著。说明在考虑空间效应因素条件下，本地区邻近的其他地区的数字经济发展也有助于提升本地区的环境质量，即数字经济发展存在空间溢出效应。数字经济发展对环境质量产生空间溢出效应的原因可能来源于两方面的机制交互：首先是数字产业化和产业数字化的空间集聚，其次是数字技术的网络扩散和创新资源的空间溢出。前者是数字化发展的市场配置，后者是数字化需求的原生动机。

表 5－11　　　　静态空间面板模型效应分解

变量	空间固定			时间空间固定		
	(1) 直接效应	(2) 间接效应	(3) 总效应	(4) 直接效应	(5) 间接效应	(6) 总效应
DE	0.0667 *** (6.44)	1.2650 ** (2.55)	1.3317 *** (2.67)	0.0717 *** (7.29)	0.3749 ** (2.54)	0.4466 *** (2.98)
PD	−0.0884 (−1.45)	3.5238 (1.46)	3.4354 (1.41)	−0.0572 (−0.96)	−0.8445 (−0.85)	−0.9017 (−0.91)
FD	−0.0002 (−0.05)	−0.0169 (−0.31)	−0.0171 (−0.31)	−0.0047 (−1.32)	−0.1354 *** (−2.62)	−0.1401 *** (−2.68)
lnCL	0.0003 (0.22)	0.1781 *** (2.87)	0.1784 *** (2.86)	−0.0008 (−0.50)	−0.0156 (−1.15)	−0.0163 (−1.19)
lnPGDP	−0.0052 (−0.90)	−0.2761 ** (−2.33)	−0.2814 ** (−2.37)	0.0007 (0.11)	0.2263 ** (2.48)	0.2270 ** (2.44)
FDI	0.0675 *** (2.82)	1.7324 ** (2.14)	1.7999 ** (2.21)	0.0392 * (1.72)	−0.1740 (−0.51)	−0.1348 (−0.39)

注：括号内的数值为 t 值或 z 值，*、**、*** 分别表示在 10%、5%、1% 的水平下显著。

动态回归分解结果分析如表 5－12 所示。从直接效应来看，数字经济的短期直接效应系数和长期直接效应系数分别为 0.0541 和 0.1220，均在 1% 的水平下显著，表明无论是短期效应还是长期效应，数字经济的发展对推动本区域环境质量的改善具有重要作用，取得的长期效应也高于短期效应。从间接效应来看，短期数字经济的影响系数为 0.222，且在 10% 水平下显著。说明短期内与本地区邻近的其他地区的数字经济发展有助于提升本地区的环境质量，但在长期效应下，邻近地区的数字经济对本地区的溢出效应不显著。这也说明了打铁还需自身硬，单单依靠其他地区的辐射效应难以进行持续性环境改善，本地区的环境质量必须依靠自身数字经济的发展。

表5-12　动态空间面板模型效应分解

变量	短期效应			长期效应		
	直接效应	间接效应	总效应	直接效应	间接效应	总效应
DE	0.0541*** (7.96)	0.2220* (1.79)	0.2761** (2.21)	0.1220*** (3.24)	0.2690 (1.11)	0.3910 (1.64)
PD	-0.2439*** (-4.22)	-2.0871 (-1.48)	-2.3310* (-1.65)	-0.5485 (-1.26)	-2.7155 (-1.14)	-3.2641 (-1.40)
FD	-0.0026 (-0.66)	-0.0665 (-1.10)	-0.0691 (-1.13)	-0.0053 (-0.25)	-0.0939 (-0.95)	-0.0992 (-1.02)
lnCL	0.0009 (0.55)	-0.0123 (-0.72)	-0.0114 (-0.66)	0.0021 (0.39)	-0.0186 (-0.70)	-0.0165 (-0.62)
lnPGDP	-0.0193* (-1.70)	0.1323 (1.43)	0.1130 (1.18)	-0.0448 (-1.05)	0.2077 (1.35)	0.1629 (1.05)
FDI	0.0074 (0.34)	-0.0165 (-0.04)	-0.0091 (-0.02)	0.0146 (0.14)	-0.0254 (-0.05)	-0.0108 (-0.02)

注：括号内的数值为t值或z值，*、**、***分别表示在10%、5%、1%的水平下显著。

5.4 稳健性检验

5.4.1 基本稳健性检验

数字经济推动环境质量改善这一效应是否稳健？本节进一步进行稳健性检验。采用的稳健性检验方式主要包括：（1）针对环境质量指数、数字经济指数变量的选取进行稳健性检验；（2）利用动态面板回归方法进行稳健性检验；（3）将数字经济作为非参变量，利用半参数估计法进行估计；（4）基于改进STIRPAT模型进行稳健性检验；（5）空间效应的稳健性检验；（6）利用省级面板数据进行稳健性检验。

（1）替换变量指标。

为了防止回归结果的偶然性，对环境质量和数字经济的指标进行替换。①将解释变量数字经济利用数字普惠金融指数进行替代，重新进行回归，结果如表 5 - 13 列（1）所示；②将环境质量改用熵值法进行估计，结果为列（2）。可知，数字经济对环境质量的估计结论与基础回归结论基本一致，因此可以判断模型通过了变量选取的稳健性检验。

表 5 - 13　　基本稳健性检验

变量	(1)	(2)	(3)	(4)
L. EQ			0.8500*** (16.00)	0.8570*** (5.66)
DE	0.0001** (2.24)	0.0611*** (3.25)	0.0299** (2.19)	0.0718*** (2.66)
PD	-0.0737 (-1.14)	-0.2870** (-2.39)	-0.1350*** (-2.99)	-0.3471* (-1.81)
FD	0.0007 (0.20)	-0.0065 (-0.93)	0.0026 (0.37)	-0.0096 (-0.69)
lnCL	-0.0037** (-2.29)	0.0087*** (2.97)	0.0031* (1.96)	0.0038 (0.72)
lnPGDP	-0.0170*** (-2.64)	-0.0491*** (-4.19)	0.0009 (0.41)	-0.0086 (-0.38)
FDI	0.0429* (1.73)	0.0537 (1.18)	0.0227 (1.16)	0.0423 (1.20)
Con	0.6840*** (11.02)	0.8684*** (7.70)	0.0189 (0.66)	
AR (1)			0.000	0.001
AR (2)			0.410	0.538
Sargan			0.150	0.548
ID	YES	YES	YES	YES
Year	YES	YES	YES	YES
Obs	2385	2385	1590	1325
R^2	0.635	0.417		

注：括号内的数值为 t 值或 z 值，*、**、*** 分别表示在 10%、5%、1% 的水平下显著。

（2）动态面板估计。

受经济系统惯性和其他因素的影响，现阶段的横截面个体的动态行为会因前阶段或滞后阶段行为而发生变化。因此，本节在原始模型的基础上，加入被解释变量的滞后值，构建动态面板模型进行稳健性检验，并采用 GMM 估计解决潜在的内生性问题。模型设定如下：

$$EQ_{it} = \alpha_0 + \alpha_1 L \cdot DD_{it} + \alpha_2 DD_{it} + \alpha_c X_{it} + \mu_i + \varepsilon_{it} \qquad (5-12)$$

系统 GMM 回归结果为表 5 - 13 的第（3）列，差分 GMM 为第（4）列。可以看出，随机扰动项检验中，AR（1）的 P 值为 0.000 和 0.001，存在显著的一阶自相关，AR（2）的 P 值为 0.410 和 0.538，均大于 0.1，故无法拒绝“随机扰动项无二阶序列相关”的原假设，说明本书的 GMM 估计是一致的。同时，Sargan 检验的 P 值为 0.150 和 0.548，意味着工具变量是有效的。

列（3）、列（4）的估计结果显示，上一期的环境质量与本期环境质量均呈现出显著为正的相关关系，意味着环境质量显著受到自身惯性的影响，呈现出较强的自累积效应。这也说明了环境保护是一项长期推进的工作，环境质量的改善是一个循序渐进的过程，并且环境的自净能力也意味着自然环境可以通过大气的扩散、森林、河湖的净化以及微生物的分解作用，逐渐将污染物转化为非污染物，从而持续性改善环境。数字经济对环境质量的影响系数为 0.0299 和 0.0718，分别通过了 5% 和 1% 的显著性检验。因此，在构建动态面板模型并考虑内生性问题后，数字经济发展与环境质量之间依然存在显著的正向促进关系，研究结论较为稳健。

5.4.2　基于半参数估计的曲线关系稳健性检验

因参数估计在应用中对模型设定依赖性较强，灵活性和适应性较差，可能会导致预先的设定出现较大的误差风险，而利用半参数估计可以有效地避免该误差风险产生，模型得到的结论相对稳健。学界关于数字经济对环境质量影响的研究结论的差异化原因在于建模方式选取的不同。基于此，本节将通过半参数估计方法对数字经济与环境质量之间的关系展开分析，在建模处理过程时不设置两者间的函数关系式，以便尽可能地避免提前设置函数关系的缺陷，提高回归结果的科学有效性（梁经纬等，2013）。模型设定如下：

$$EQ_{it} = \alpha_0 + \alpha_c X_{it} + g(DD_{it}) + \varepsilon_{it} \tag{5-13}$$

式（5－13）中的 g（DD_{it}）表示未知函数，代表函数关系没有确定的非参数估计。基于此，本节将数字经济作为非参变量，采用半参数估计方法来验证实证结果的稳健性。

以此为基础，根据巴尔塔吉和李（Baltagi & Li，2002）的研究来设定半参数固定效应回归方程模型：

$$y_{it} = x_{it}\theta + f(z_{it}) + \alpha_i + \varepsilon_{it}(i = 1,2,\cdots,n;t = 1,2,\cdots,T,T < N) \tag{5-14}$$

通过一阶差分法来消除个体效应影响，得到如下方程：

$$y_{it} - y_{it} - 1 = (x_{it} - x_{it} - 1)\theta + [f(z_{it}) - f(z_{it-1})] + \varepsilon_{it} - \varepsilon_{it-1} \tag{5-15}$$

再利用方程（5－15）差分：

$$p^k(z_{it}, z_{it-1}) = [p^k(z_{it}) - p^k(z_{it-1})] \tag{5-16}$$

将其作为 $f(z_{it}) - f(z_{it-1})$ 的近似估计值，选用 B－spline Curves 样条函数曲线进行回归，k 值取 4（袁家健，2014）。

基于半参数估计数字经济对环境质量影响的结果如表 5－14 所示。数字经济与环境质量的核回归图如图 5－1 所示。在以数字经济为横轴、环境质量为纵轴的关系图中，曲线值指半参数估计模型样条函数平滑曲线，阴影部分则是该曲线的 95% 置信区间。如图 5－1 可知，数字经济与环境质量展示出波动向上的曲线型影响关系，数字经济与环境质量的关系总体呈现上升趋势且依存度较强；曲线型关系接近扁平状态，中间区域逐渐向平缓趋势发展，整个过程中未出现异常突出的抑制现象，而后又开始显著上升。意味着样本期间内，中国实施数字经济发展从总体上对中国的环境质量产生了较大的正向影响。

表5-14　　　　半参数估计的曲线关系稳健性检验

变量	(1)	(2)
DE	(.) (.)	(.) (.)
PD	0.1244 *** (6.19)	-0.0298 (-0.30)
FD	-0.0491 *** (-16.45)	-0.0287 *** (-6.28)
lnCL	-0.0076 *** (-8.89)	0.0097 *** (4.23)
lnPGDP	0.0168 *** (12.16)	0.0359 *** (8.46)
FDI	0.0498 (1.52)	-0.0383 (-1.16)
ID	NO	YES
Obs	2385	2385
R^2	0.154	0.746

注：括号内的数值为t值或z值，*** 表示在1%的水平下显著。

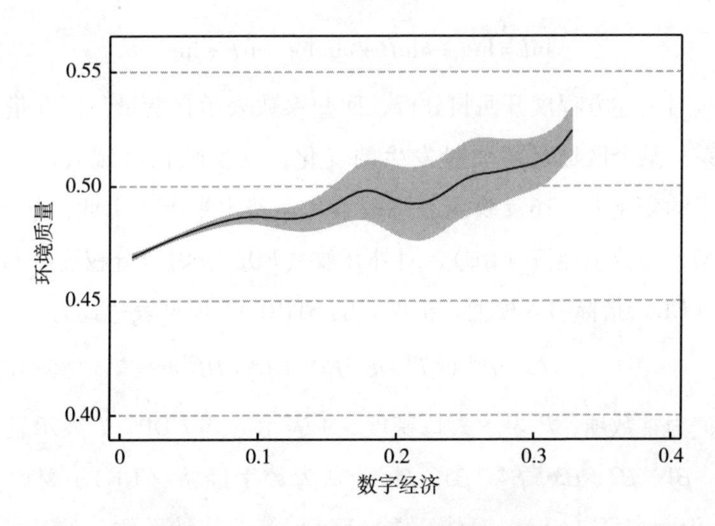

图5-1　数字经济与环境质量的核回归

5.4.3 基于改进 STIRPAT 模型的稳健性检验

20 世纪末期，埃利希等（Ehrlich et al.，1971）首次创建 IPAT 模型，该模型重点对经济发展与能源消费及环境之间的关系进行研究，用以说明人口对环境产生的影响。因 IPAT 模型无法确切表明解释变量与产生的最终环境后果的非比例影响，约克·罗萨和迪茨（York Rosa & Dietz et al.，2003）在此缺陷的基础上有针对性地创建了 STIRPAT 模型。STIRPAT 模型通常对现实环境问题进行剖析，被各界学者广泛认可。此模型公式为：$I = aP^bA^cT^de$，式中：I 表示环境影响；P 表示人口因素；A 表示富裕度；T 表示技术因素；a 代表常数项；b、c、d 依次代表 P、A、T 的指数；e 表示误差项。STIRPAT 模型用于对人口、富裕度和技术之间的关系进行评价，以此展开对环境作用的评估。STIRPAT 模型的优势体现在可以自动规避同比例变动带来的影响，可以解释不同影响因素发生变化后对环境产生的影响，得到学术界的广泛应用。因 STIRPAT 模型属于非线性多元方程，要降低各变量指标数据中的异方差出现频率，需要在等号两边依次取对数：

$$\ln I = \ln a + b\ln P + c\ln A + d\ln T + \ln e \quad (5-17)$$

通过对上述方程展开回归分析，回归系数表示自变量与因变量之间的弹性关系。某个区域环境质量发生的变化，既反映在区域人口总数、财产、技术的变化上，还反映在经济政策和消费水平上。由此，基于 STIRPAT 模型，将数字经济（DE）、对外开放（FDI）、财政分权度（FD）、消费水平（CL）指标引入模型。扩展后的 STIRPAT 模型表达式为：

$$I = \partial P^{\beta 1} A^{\beta 2} T^{\beta 3} DE^{\beta 4} FD^{\beta 5} CL^{\beta 6} FDI^{\beta 7} e \quad (5-18)$$

其中，∂ 为常数项；P 表示人口密度，A 表示人均 GDP，T 表示发明专利申请量，$\beta 1$、$\beta 2$、$\beta 3$、$\beta 4$、$\beta 5$、$\beta 6$ 分别为数字经济（DE）、财政分权度（FD）、消费水平（CL）、对外开放（FDI）等的估计系数。对等式两边取自然对数，结果如下：

$$\ln I=\ln a+\beta 1(\ln P)+\beta 2(\ln A)+\beta 3(\ln T)+\beta 4(\ln DE)+\beta 5(\ln FD)+\beta 6(\ln CL)+\beta 7(\ln FDI)+\ln e \quad (5-19)$$

基于改进 STIRPAT 模型，利用逐步回归法进行估计，结果如表 5－15 所示。其中，列（1）是基于传统 STIRPAT 模型的回归结果，列（2）在列（1）的基础上加入了数字经济变量。列（3）~列（5）在列（2）的基础上加入了财政分权、消费水平、对外开放控制变量。从回归结果来看，数字经济对区域环境质量的影响始终显著为正。上述结果均表明，数字经济显著地促进了区域环境质量。

表 5－15　改进 STIRPAT 模型的稳健性检验

变量	(1)	(2)	(3)	(4)	(5)
lnDE		0.0057*** (2.94)	0.0056*** (2.87)	0.0057*** (2.93)	0.0056*** (2.88)
lnPD	-0.0047 (-0.45)	-0.0059 (-0.57)	-0.0065 (-0.63)	-0.0055 (-0.53)	-0.0061 (-0.59)
lnPGDP	-0.0428*** (-3.33)	-0.0441*** (-3.44)	-0.0484*** (-3.66)	-0.0396*** (-2.86)	-0.0456*** (-3.25)
lnTI	0.0046*** (2.93)	0.0048*** (3.05)	0.0048*** (3.01)	0.0048*** (3.04)	0.0050*** (3.15)
lnFD			0.0043 (1.32)	0.0048 (1.48)	0.0041 (1.27)
lnCL				-0.0076** (-2.19)	-0.0076** (-2.18)
lnFDI					0.0016** (2.50)
Con	-0.3521*** (-2.59)	-0.3197** (-2.35)	-0.2757** (-1.97)	-0.2443* (-1.73)	-0.1797 (-1.26)
ID	YES	YES	YES	YES	YES
Year	YES	YES	YES	YES	YES
Obs	2385	2385	2385	2385	2385
R^2	0.623	0.624	0.625	0.625	0.627

注：括号内的数值为 t 值或 z 值，*、**、*** 分别表示在 10%、5%、1% 的水平下显著。

5.4.4 空间效应稳健性检验

（1）空间权重矩阵替换。

选取经济地理矩阵来替换空间地理距离矩阵对上述空间模型进行估计。根据表5-16列（1）的回归结果可以看出，经济地理权重矩阵检验下的数字经济发展对环境质量依然产生显著的正向影响。

表5-16　　空间回归稳健性检验

变量	(1)	(2)	(3)	(4)
DE	0.0500*** (5.10)	-12.3536*** (-4.52)	0.0476*** (4.92)	0.0592*** (6.14)
PD	-0.1253** (-2.01)	-16.9270 (-0.98)	-0.1641*** (-2.64)	-0.1433** (-2.28)
FD	-0.0004 (-0.12)	-0.1589 (-0.16)	0.0024 (0.66)	-0.0047 (-1.36)
lnCL	-0.0017 (-1.11)	0.3146 (0.71)	-0.0039*** (-2.62)	-0.0026* (-1.69)
lnPGDP	-0.0134** (-2.40)	-1.5318 (-0.92)	-0.0119** (-1.97)	0.0138*** (3.63)
FDI	0.0710*** (2.98)	8.3627 (1.26)	0.0520** (2.17)	0.0279 (1.18)
W×DE	0.0870*** (3.81)	-200.7400*** (-5.00)		
W×PD	0.4116** (2.24)	-854.3018*** (-2.70)		
W×FD	-0.0379*** (-5.07)	-4.0097 (-0.55)		
W×lnCL	0.0044 (1.26)	-28.7935*** (-6.25)		
W×lnPGDP	0.0518*** (6.68)	52.7099*** (5.71)		
W×FDI	0.1280** (2.24)	-146.9485 (-1.22)		
Spatial rho (lambda)	0.1017*** (2.73)	0.5331*** (4.86)	0.9591*** (95.80)	0.7632*** (14.83)
ID	YES	YES	YES	YES
Year	YES	YES	YES	YES
Obs	2385	2385	2385	2385
R^2	0.631	0.414	0.468	0.615

注：括号内的数值为t值或z值，*、**、***分别表示在10%、5%、1%的水平下显著。

（2）替换被解释变量。

将 SO_2 排放量作为衡量环境质量的指标进行估计。表 5－16 列（2）回归结果显示，在对环境质量指标进行替换后，直接效应回归系数及溢出效应回归系数符号均为负，且通过 1% 的显著性检验，说明数字经济对本地及邻近城市的 SO_2 排放均有抑制作用，意味着数字经济提升对城市环境质量具有正向直接效应和正向溢出效应，因此可以判断模型通过变量选取的稳健性检验。

（3）研究方法的稳健性检验。

本部分将空间杜宾模型更换为空间误差模型和空间滞后模型，再进行回归分析。表 5－16 列（3）和列（4）结果显示，数字经济对环境质量的影响系数分别为 0.0476 和 0.0592，并都在 1% 的水平下显著，数字经济对环境质量的空间作用与原模型所得结论基本保持一致，表明基本回归结果是稳健的。

5.4.5　基于省级层面数据的稳健性检验

前文中的实证检验主要是依据地级市层面的样本，但需要考虑两个不足之处。首先，数字经济对环境质量的作用效应是否会受到样本选择的影响；其次，由于数据的可得性，城市数字经济的指标体系较为简单，在此基础上测度得到的数字经济指数进行本研究的回归估计是否会导致结论偏差？因此，在稳健性检验中，通常利用省级层面的样本构建更为具体的数字经济指标体系进行实证检验。

5.4.5.1　指标选取与数据来源

（1）数字经济。根据《中华人民共和国国民经济和社会发展第十四个五年规划和 2035 年远景目标纲要》的内容，结合数据的可得性，并基于对国内数字经济现有研究的经验判断，确立省级数字经济发展水平体系的两大核心要素：数字经济产业发展和数字经济社会发展。基于数字经济发展水平指标初筛集合，笔者于 2021 年 8 月 12 日至 9 月 1 日期间，通过在小范围内课题组的现场座谈的形式，对区域数字经济发展初筛集的42项指标进行了组会研讨分析。根据研讨结果对初筛指标集进行修正和删减，最终得到正式的10项二级指标和32项变量。指标体系如表5－17所示。在此基础上利用熵权TOPSIS法对省级数字经济发展水平进行测算。

表5－17 省级数字经济指标体系

目标层	一级指标	二级指标	变量选取
数字经济	数字经济产业发展	电子及通信设备制造业	企业数
			主营业务收入
			从业人员人数
			R&D经费支出
			新产品开发项目数
		信息传输、计算机服务和软件业	企业数
			软件业务收入
			就业人员人数
			R&D经费支出
			就业人员工资总额
		电信业	邮电业务总量
			电信业务总量
		电子商务	企业电子商务销售额
			企业电子商务采购额
			有电子商务交易的企业数
			快递业务收入
			快递业务总量
		企业数字化	企业每百人使用计算机数
			每百家企业拥有网站数
			使用互联网的企业比重
	数字经济社会发展	数字基础设施	光缆线路长度
			互联网宽带接入端口数
			移动通信交换机容量
		网络数字资源	互联网网页数
			互联网域名数
			互联网网站数

续表

目标层	一级指标	二级指标	变量选取
数字经济	数字经济社会发展	数字普及	移动电话普及率
			互联网普及率
			广播电视普及率
		数字人才培育	高等学校在校生人数
			高等学校教育经费支出
		数字普惠金融	数字普惠金融指数

（2）环境质量。基于PSR模型构建指标体系，具体如表5-18所示。在此基础上利用主成分分析法对省级环境质量水平进行测算。

表5-18　　　　省级环境质量指标选取

目标层	一级指标	二级指标	指标性质
省级环境质量	环境压力	人均二氧化硫排放量	负向
		人均化学需氧量	负向
		人均氮氧化物排放总量	负向
		PM2.5	负向
	环境状态	人均公园绿地面积	正向
		建成区绿化覆盖率	正向
	环境响应	一般工业固体废物综合利用率	正向
		生活垃圾无害化处理率	正向
		城市污水处理率	正向

（3）影响环境质量的控制变量包括：对外开放（FDI），采用经营单位所在地进出口总额与GDP的比值进行衡量；市场化程度（MK），借鉴张骞（2019）研究，采用国有控股工业企业资产除以规模以上工业企业资产的比例来衡量；人口密度（PD），采用年末总人口数与区域面积的比值衡量；金融化水平（FIN），使用金融业增加值占GDP的比重来衡量；交通运输条件（TC），借鉴郭峰和陈凯（2021）的研究，用省市道路面积占建成区面积比重来衡量；政府干预程度（GOV），用政府财政支出占GDP比重表征。科技创新（TI）选用发明专利申请量的对数进行衡量。产业结构升级

借鉴茶洪旺和左鹏飞（2019）的研究，设定为：

$$UIS_{it} = \sum_{\gamma=1}^{3} Y_{it} \times \gamma = Y_{1it} \times 1 + Y_{2it} \times 2 + Y_{3it} \times 3 \qquad (5-20)$$

其中，UIS_{it}表示产业结构升级，Y_{1it}、Y_{2it}、Y_{3it}分别表示 t 时期 i 地区第一、第二、第三产业占当地 GDP 的比重。

影响产业结构升级的控制变量主要包括进出口贸易（FT）、政府科技支持力度（GST）、技术创新扩散（lnTMT）和政府干预（GOV）。进出口贸易（FT）用经营单位所在地进出口总额与 GDP 的比值来衡量。政府科技支持力度（GST）由政府财政科学技术支出占一般预算支出比重进行测度。技术创新扩散（lnTMT）选用技术市场成交额的对数作为其代理指标。

影响科技创新的控制变量主要包括政府干预（GOV）、对外开放（FDI）、政府科技支持力度（GST）、交通发达度（TD）和产权结构（ln-PRS）。其中交通发达度（TD）用人均城市道路面积来衡量，产权结构（lnPRS）用私营企业就业人数与从业人员数比值的对数来衡量。

本节选取了中国 30 个省（自治区、直辖市）2011 ~ 2019 年的面板数据作为考察对象，对于港澳台地区及西藏这些数据大量缺失的区域予以剔除。变量的原始数据主要来源于《中国统计年鉴》《中国互联网发展状况统计报告》《中国环境统计年鉴》。

5.4.5.2 回归结果分析

（1）基准回归和曲线回归检验。

表 5 - 19 报告了数字经济影响省域环境质量的计量结果。首先以 OLS 进行估计，以初步检验数字经济发展对环境质量的影响，结果如列（1）所示。列（2）加入了时间和个体固定效应，结果显示数字经济发展对环境质量的回归系数为 0.6641，通过了 1% 的显著性检验。考虑到内生性问题，选择滞后一期的数字经济作为工具变量进行 2SLS 回归，结果为列（3），数字经济发展对环境质量的显著影响依然存在，研究结果具有稳健性和可靠性。

表5-19　　省级层面回归结果

变量	(1)	(2)	(3)	(4)	(5)
DE	0.5553*** (5.63)	0.6641*** (6.68)	0.5990*** (5.55)	3.639*** (17.59)	3.105*** (11.58)
DE^2				-9.303*** (-10.43)	-7.828*** (-8.12)
DE^3				8.450*** (8.05)	7.214*** (6.67)
GOV	0.1220 (1.08)	0.4071*** (2.72)	0.3396** (2.39)		0.5434*** (4.29)
Mk	-0.1704** (-2.25)	-0.2364** (-2.24)	-0.1319 (-1.15)		-0.0233 (-0.25)
FIN	3.2481*** (8.80)	2.8196*** (6.96)	2.9096*** (6.99)		1.3625*** (3.65)
FDI	-0.0010 (-0.03)	-0.0545* (-1.77)	-0.0433 (-1.51)		-0.0438 (-1.64)
PD	-0.5875** (-2.38)	-6.3125*** (-2.75)	-3.9021 (-1.25)		-4.5237** (-2.28)
TC	0.0018*** (5.85)	0.0014*** (4.56)	0.0015*** (5.19)		0.0003 (0.87)
Con	0.2667*** (3.92)	0.5828*** (4.49)	0.1540 (1.40)	0.4456*** (32.36)	0.4590*** (4.04)
ID	NO	YES	YES	YES	YES
Year	NO	YES	YES	YES	YES
Obs	270	270	270	270	270
R^2	0.714	0.796	0.888	0.827	0.857

注：括号内的数值为t值或z值，*、**、***分别表示在10%、5%、1%的水平下显著。

在此基础上，考虑省级层面的数字经济对环境质量的曲线关系，加入数字经济的二次方项和三次方项。列（4）和列（5）分别是未加入控制变量和加入控制变量的结果。结果显示，数字经济的一次项和三次项显著为正，而二次项显著为负，也就意味着数字经济与环境质量水平之间呈现“N”型关系，与市级层面的估计结果相吻合。

（2）传导路径检验。

进一步考察省级层面的数字经济对环境质量影响的传导路径，采用3SLS对面板联立方程组进行估计，结果如表5－20所示。数字经济与环境质量的回归结果显著为正。由列（2）和列（4）可知，数字经济显著促进了产业结构升级和科技创新；由列（1）和列（3）可知，产业结构升级与科技创新显著促进了环境质量。因此，数字经济能够通过产业结构升级和科技创新这两个传导路径间接促进环境质量改善。

表5－20　省级层面传导路径回归结果

变量	(1) EQ	(2) UI	(3) EQ	(4) lnTI
DE	0.2463*** (2.61)	0.8070*** (9.18)	0.3861** (2.52)	2.8759*** (4.78)
UI	1.1852*** (6.10)			
lnTI			0.0628** (2.13)	
Mk	－0.1731* (－1.96)		－0.1023 (－0.83)	
FIN	0.5776 (0.92)		2.4327*** (5.33)	
PD	－3.7611** (－1.97)		－5.4828*** (－2.65)	
TC	0.0007** (2.34)		0.0010*** (3.22)	
FDI	－0.0376 (－1.48)		－0.0477* (－1.69)	0.1888 (1.14)

续表

变量	(1) EQ	(2) UI	(3) EQ	(4) lnTI
GOV	0.1898 (1.43)	0.2797*** (2.81)	0.4648*** (3.31)	0.4497 (0.57)
FT		0.2529*** (6.05)		
lnTMT		0.0210*** (5.28)		
GST		-1.8763*** (-3.90)		16.5720*** (4.27)
TD				0.0751*** (6.64)
lnPRS				0.1318* (1.84)
Con	-2.0442*** (-3.97)	2.0938*** (33.61)	0.8788*** (3.32)	-0.8873*** (-2.90)
ID	YES	YES	YES	YES
Year	YES	YES	YES	YES
Obs	270	270	270	270
R^2	0.906	0.943	0.901	0.969

注：括号内的数值为t值或z值，*、**、***分别表示在10%、5%、1%的水平下显著。

（3）空间效应检验。

基于经济距离和地理距离构建空间权重矩阵，就数字经济对环境质量的影响进行分解，结果如表5-21所示。从直接效应来看，我国各省份数字经济发展水平的提高会显著改善本地区环境质量。从间接效应来看，在考虑空间效应因素条件下，邻近的其他省份的数字经济发展也有助于提升本省份的环境质量，即数字经济发展存在空间溢出效应，与市级层面结果相吻合。

表 5-21 省级层面空间效应检验

变量	经济距离权重矩阵			地理距离权重矩阵		
	直接效应	间接效应	总效应	直接效应	间接效应	总效应
DE	0.3487*** (3.85)	0.8750*** (3.34)	1.2237*** (3.69)	0.241*** (2.68)	0.656*** (2.65)	0.897*** (2.74)
GOV	0.4351*** (3.34)	0.2318 (0.29)	0.6669 (0.74)	0.433*** (3.42)	0.350 (0.35)	0.784 (0.73)
Mk	-0.0407 (-0.46)	-0.1035 (-0.44)	-0.1442 (-0.45)	-0.046 (-0.54)	-0.130 (-0.51)	-0.176 (-0.52)
FIN	0.9957*** (2.77)	2.4780*** (2.67)	3.4737*** (2.81)	1.204*** (3.64)	3.332*** (3.16)	4.536*** (3.47)
FDI	-0.0442* (-1.82)	-0.1149 (-1.58)	-0.1591* (-1.67)	-0.069*** (-2.85)	-0.198** (-2.12)	-0.267** (-2.33)
PD	-4.4867** (-2.23)	-11.3446** (-1.98)	-15.8314** (-2.11)	-6.193*** (-3.19)	-17.400** (-2.48)	-23.593*** (-2.73)
TC	0.0005* (1.76)	0.0012* (1.76)	0.0018* (1.79)	0.001*** (2.96)	0.002*** (2.64)	0.003*** (2.83)
Spatial rho	0.7533*** (16.66)			0.770*** (18.08)		
ID	YES	YES	YES	YES	YES	YES
Observations	270	270	270	270	270	270
R^2	0.791	0.791	0.791	0.758	0.758	0.758

注：括号内的数值为 t 值或 z 值，*、**、*** 分别表示在 10%、5%、1% 的水平下显著。

5.5 本章小结

本章基于中国 2011~2019 年 265 个城市的平衡面板数据，实证考察了数字经济发展对区域环境质量的直接影响、传导路径、异质性特征及空间效应。

研究发现：（1）城市数字经济发展水平每提高 1%，平均而言，环境质量将提高 0.0537%。在考虑内生性问题之后，数字经济对环境质量仍然产生显著正向影响。(2) 地区异质性检验中，数字经济发展推动了我国东部和中部地区的环境质量，而对西部地区的促进作用不明显。对东部地区而言，数字经济发展对环境质量表现出了显著促进作用，影响系数为0.0553；在中部地区，这一影响效应出现了一定程度的降低，影响系数为0.0512。城市规模异质性检验中，数字经济发展能够显著推动大型城市的环境质量，对于中型城市的环境质量推动作用次之，而对小型城市的促进作用不显著。资源型城市的数字经济发展对环境质量的影响程度显著高于非资源型城市，这也展现了数字经济"雪中送炭"的作用。强科技创新城市的数字经济发展对环境质量的影响程度显著高于弱科技创新城市。数字经济发展能够显著提升高产业结构城市的环境质量水平，而对低产业结构城市的环境质量没有显著影响。(3) 在产业结构的传导路径中，数字经济对环境质量的直接效应值为0.052，通过产业结构升级影响环境质量间接效应值为0.004。在科技创新的传导路径中，数字经济对环境质量的直接效应值为0.0244，通过科技创新影响环境质量的间接效应值为0.0137，这意味着数字经济通过产业结构升级和科技创新间接影响了环境质量。(4) 数字经济与环境质量水平之间的关系并不是严格意义上的EKC所假定的倒"U"型，而是呈现一种驱动—抑制—驱动的"N"型关系。

接下来进一步加入了空间地理因素，考察数字经济与区域环境质量之间的空间关联性。基于地理距离权重矩阵，通过全局Moran's I指数对数字经济和环境质量这两个变量的空间自相关性进行考察，结果显示数字经济和环境质量存在显著的正空间相关性。接着构建空间杜宾面板模型来进一步考察数字经济与环境质量之间的空间溢出效应。结果显示，无论是利用静态空间面板模型还是动态空间面板模型，数字经济均对环境质量有显著的影响，结果具有稳健性。

利用求解偏微分方程的方法就数字经济对环境质量的影响进行静态和动态分解。静态条件下，直接效应和间接效应的系数都为正且显著，这说明数字经济发展的提高可以显著促进生态环境质量的改善，并且表现出显著的空间溢出效应。动态条件下，对于直接效应而言，无论是短期效应还是长期效应，数字经济的发展对推动本地区环境质量的改善都具有重要作用，且取得的长期效应优于短期效应。对于间接效应而言，短期内与本地区邻近的其他地区的数字经济发展有助于提升本地区的环境质量；但在长期效应下，邻近地区的数字经济对本地区环境质量的溢出效应不显著。

通过更换代理变量，使用动态面板回归方法，利用半参数估计法，基于改进 STIRPAT 模型，替换空间权重矩阵以及利用省级面板数据进行稳健性检验，研究结果具有一致性和可靠性。

第6章

数字经济影响环境质量的政策效应评估

——基于“宽带中国”的准自然实验

6.1 政策背景

网络宽带对推动数字经济发展具有重要意义，一方面，它作为一种公共信息服务基础设施，为数字产业化和产业数字化转型作出巨大贡献。另一方面，网络宽带的深入应用为新兴技术的更新换代提供坚实保障。我国数字经济的广泛应用与发展得益于网络基础设施覆盖率广、技术先进、传输容量大等优势。我国为提高5G网络建设水平，精准锁定网络覆盖盲点，力求实现全覆盖搭建工作，同时改善网络服务质量，提高各个网点网络信息服务水平。由此，信息通信网络建设工作取得较高突破。根据《2020年通信业统计公报》可知，到2020年底，互联网宽带接入端口数量高达9.46亿个，相对于去年净增3027万个，全国移动通信基站共搭建931万个，全年净增90万个。我国固定互联网宽带接入用户共计4.84亿户，全年净增3427万户。[①] 由此可见，在互联网时代，提高网络基础设施建设与覆盖率，有利于增强互联网普及效果，促进数字产业化和产业数字化转型，实现经济结构的优化升级。

---

① 2020年通信业统计公报［EB/OL］. 中华人民共和国工业和信息化部，2021-11-21.

大多数国家已经充分认识到宽带建设对经济发展和信息化建设的重要性，网络宽带的全面普及无疑是将信息革命向新时期的数字化发展热潮推进。数据资产自身携带的无形性特征决定了数字经济的发展必须以系统和网络作为介质，数据的传递与维护是建立在网络设施之上，通过网络的优化来实现实时更新与升级。网络基础设施的建设与更新是推动数字经济迈向新的发展阶段的重要保障，数字技术在各产业中的应用以及深度融合离不开网络基础设施建设。通常来说，网络传输的快慢以及信息网络服务的质量是促进数字经济健康发展的关键因素。赵涛等（2020）通过实证分析发现，数字经济对推动经济高质量发展具有重要的作用，而推动网络基础设施建设是实现数字经济快速发展的关键保障和重要攻坚力量。

为加快网络基础设施的建设，实现互联网全覆盖，国务院在 2013 年 8 月第一次提出“宽带中国”战略实施方案（《国务院关于印发“宽带中国”战略及实施方案的通知》），由此宽带网络基础设施建设被确定为国家战略。“宽带中国”战略的主要目的在于提高宽带网络基础设施建设水平，扩大宽带用户数量，加快宽带网络速度，提高互联网普及率，增强公共基础设施信息服务能力，推动区域经济发展。工业和信息化部门、国家发展和改革委员会根据“宽带中国”战略，选取宽带网络用户基数大、互联网普及率达标的城市作为示范点，在 2014 年、2015 年和 2016 年筛选出 120 个城市（群）作为“宽带中国”示范点，以期为其他城市的宽带网络建设提供借鉴，持续推动各行各业数字化转型。在实际中，“宽带中国”战略实施后，极大地提升了宽带覆盖率，提高了宽带上网速率，降低了宽带信息通信费用，进而促进了数字经济快速发展。

在数字经济时代，数字经济的发展还存在着薄弱环节，政府政策的制定和实施是推动数字经济快速发展和解决数字经济发展难题的重要保障。为实现数字经济发展新目标，促进数字经济发展迈向新阶段，必须强调政策支持对数字经济发展的重要作用，充分发挥政府政策效应，推动数字化转型发展。为顺应数字时代发展要求，我国发布了相关政策以适应数字经济发展速度和需求，“宽带中国”战略以有效适应网络基础设施的建设和社会发展需要被视为我国城市数字经济发展的重要政策，其优势主要表现在两方面：一方面，为实现城市向创新领域发展提供重要支撑；另一方面，促进了信息技术更新升级，加快网络基础设施在城市中的应用，从而持续提高城市数字化进程，推动城市数字经济发展，为改善环境质量和建设生态文明提供了基础政策支撑。本章主要采用双重差分（DID）方法来评估"宽带中国"试点政策的作用，以验证该政策对环境改善的效果，以期为后续的有关数字经济政策的制定和实施提供借鉴。

6.2 识别策略、模型构建与数据说明

6.2.1 识别策略

研究数字经济的发展是否有利于优化环境质量是本书的主要目标，而厘清两者间的因果关系是完成目标的首要前提。当前，DID已在公共政策评价领域得到了广泛应用，其基于反事实框架的研究路线能够在一定程度上克服估计中存在的内生性问题。"宽带中国"政策能够通过推动地区网络基础设施能力来实现数字经济的发展。并且，"宽带中国"试点城市的选择主要受到区域原有网络基础设施以及网络用户量等因素的影响，从逻辑上不太会受到该城市环境质量的影响，进而弱化了政策的逆向因果因素。本书选择的城市样本量较为充足，且广泛分布于全国各区域，能够有效避免选择性偏差。因此，这一试点政策为研究数字经济对环境质量的影响效应提供了良好的准自然实验研究策略。

在不确定情况下，若选取"宽带中国"示范城市是一种随机决策，则可分析比较选取的示范城市与非示范城市之间的差距，或者比较示范城市创建之前与创建之后在社会各方面发展中存在的差异，以此来进行因果识别。本章将2014年开始实施的"宽带中国"试点政策视为一项外生政策冲击，利用双重差分（DID）方法对"宽带中国"战略的实施成效进行分析和评估，从而间接证实数字经济对环境质量的影响效应。

6.2.2 模型构建

考虑到“宽带中国”示范城市分三年进行公布，而传统 DID 仅适用于对单一时间点进行识别。因此，本章构建多期 DID 模型，选择的研究样本为 2004～2019 年 265 个地级市的平衡面板数据，将“宽带中国”试点城市设置为“实验组”，其他城市设置为“控制组”。模型设定如下：

$$EQ_{it} = \alpha_0 + \alpha_1 Treati \times Timet + \alpha_c X_{it} + \mu_i + \sigma_i + \varepsilon_{it} \quad (6-1)$$

其中，EQ_{it}代表 i 市在 t 时期的环境质量。X_{it}反映一系列可能影响城市环境质量的控制变量，ε_{it}为随机扰动项。α_0 表示模型截距项，α_c 为控制变量的估计系数。$Treat \times Time$ 表示“宽带中国”战略试点政策虚拟变量，作为数字经济发展的政策代理变量，在后文中用 DID 表示。α_1 为“宽带中国”战略试点政策系数，其取值反映“宽带中国”试点城市在政策扶持后是否对环境质量有更多的提升（或减少），从而检验“宽带中国”试点城市对城市环境质量影响的净效应。“宽带中国”试点城市的 Treat 值为 1，非试点城市值为 0。“宽带中国”试点城市获批当年及之后年份 time 为 1，反之为 0。σ_i 为时间固定效应，用以控制整体经济环境的变化；μ_i 为城市个体固定效应，控制了城市层面不随时间变化因素的影响。

数字经济的政策作用力能够推动科技创新和产业结构升级从而实现环境质量的改善。为验证该问题，通过设立以下计量模型对上述传导路径进行实证检验。

$$TI_{it} = \alpha_0 + \alpha_1 treat_i \times time_t + \alpha_c X_{it} + \mu_i + \sigma_i + \varepsilon_{it} \quad (6-2)$$

$$UI_{it} = \alpha_0 + \alpha_1 treat_i \times time_t + \alpha_c X_{it} + \mu_i + \sigma_i + \varepsilon_{it} \quad (6-3)$$

6.2.3 变量选取与描述统计

（1）被解释变量。

被解释变量为环境质量（EQ）。在本章的基准分析中使用前文测算的环境质量指数。另外，作为对照，选取二氧化硫排放量作为度量指标进行稳健性检验。

（2）核心解释变量。

本章的核心解释变量为“宽带中国”试点政策（DID），先采用虚拟变量方式对其进行设置，以选取的试点城市作为目标，设置试点当年和之后年份数值为1，其他年份数值设置为0。

（3）控制变量。

传导变量和控制变量选取与第5章相同，主要包括对外开放（FDI）、人口密度（PD）、经济发展（lnPGDP）、财政分权（FD）、消费水平（lnCL）、产业结构（UI）和科技创新（TI）。

表6－1是本章主要变量的描述性统计结果。

表6－1　　描述性统计

变量	含义	观测值	均值	中位数	标准差	最小值	最大值
EQ	环境质量	4240	0.463	0.465	0.032	0.173	0.700
DID	宽带中国	4240	0.120	0.000	0.325	0.000	1.000
FDI	对外开放	4240	0.020	0.013	0.021	1.12E－05	0.198
PD	人口密度	4240	0.045	0.038	0.035	0.001	0.773
lnPGDP	经济发展	4240	10.070	10.05	0.756	7.847	12.390
FD	财政分权	4240	0.490	0.457	0.222	0.026	1.541
lnCL	消费水平	4240	15.180	15.18	1.137	11.430	18.880
UI	产业结构	4240	0.893	0.794	0.498	0.129	13.480
TI	科技创新	4240	0.371	0.067	1.018	0.001	16.611

注：E表示0.00001。

6.3　实证结果分析

在实证分析前，利用变量之间的相关系数与方差膨胀系数来判别变量的多重共线性问题。变量之间的相关系数基本小于0.7，方差膨胀系数 $\max\{vif1, vif2, \cdots, vifk\} = 3.07$，$\text{mean}\{vif1, vif2, \cdots, vifk\} = 1.86$，均小于10，意味着变量不存在多重共线性问题。

6.3.1 基准回归分析

本章将“宽带中国”试点政策作为一个准自然实验，用DID方法评估“宽带中国”对城市环境质量的政策净影响，结果如表6－2所示。从列（1）到列（6）依次加入核心解释变量和控制变量。可以看出，核心解释变量DID均在1%的水平下显著为正。说明无论是否加入控制变量，“宽带中国”试点政策对城市环境质量均有显著的正向影响。从系数的大小来看，“宽带中国”试点政策能够提高试点城市的环境质量0.0031个单位，表明“宽带中国”试点政策对城市环境质量的改善作用较强。结合前文分析，数字经济能够推动环境质量的改善，而数字经济的发展是市场刺激和政策引导共同作用的结果。因此，政府的数字经济政策是驱动数字经济发展，进而实现环境质量改善的必要手段。

表6－2　　基准回归结果

变量	(1)	(2)	(3)	(4)	(5)	(6)
DID	0.0056*** (5.52)	0.0056*** (5.58)	0.0057*** (5.64)	0.0057*** (5.65)	0.0030*** (2.83)	0.0031*** (2.87)
PD		−0.0665*** (−3.25)	−0.0661*** (−3.23)	−0.0664*** (−3.24)	−0.0729*** (−3.57)	−0.0722*** (−3.54)
FD			−0.0053 (−1.53)	−0.0050 (−1.44)	−0.0049 (−1.41)	−0.0052 (−1.51)
lnCL				−0.0017 (−1.05)	−0.0008 (−0.51)	−0.0008 (−0.48)
lnPGDP					−0.0631*** (−6.53)	−0.0679*** (−6.78)
$lnPGDP^2$					0.0034*** (6.87)	0.0036*** (7.10)
FDI						0.0335* (1.82)
Con	0.4381*** (468.24)	0.4410*** (345.37)	0.4436*** (204.83)	0.4668*** (21.17)	0.7491*** (13.90)	0.7753*** (13.90)

续表

变量	(1)	(2)	(3)	(4)	(5)	(6)
ID	YES	YES	YES	YES	YES	YES
Year	YES	YES	YES	YES	YES	YES
Obs	4240	4240	4240	4240	4240	4240
R^2	0.602	0.604	0.604	0.604	0.609	0.609

注：括号内的数值为 t 值或 z 值，*、*** 分别表示在10%、1%的水平下显著。

值得注意的是，人均 GDP 的一次项系数显著为负，平方项系数显著为正，这意味着研究期间内我国城市经济发展与环境质量之间呈现“U”型曲线关系，符合 EKC 假说存在环境库兹涅茨曲线假设。即经济发展初期，环境质量跟随经济发展而逐渐降低；当收入水平处于一定的转折点时，环境质量又会跟随经济的发展而改善。

6.3.2　PSM－DID 回归分析

考虑到“宽带中国”试点城市的选择会受到区域基础设施水平、信息化水平和经济发展水平的影响，“宽带中国”试点城市并不是完全随机选择的，这也导致了试点城市与非试点城市的数字经济发展水平在政策实施前就可能存在异质性。因此，如果对所选择的样本数据进行直接回归，可能会在一定程度上导致估计偏差，而利用倾向得分匹配法（PSM）则能够从控制组中有效提取与实验组较为接近的城市。

为准确评估“宽带中国”的环境效应，使用 PSM－DID 方法缓解选择性偏差问题，选择对外开放、人口密度、经济发展水平、财政分权和消费水平等各城市的特征条件作为匹配变量，同时实验组与控制组按照 1∶1 的比例进行近邻匹配，并利用 Logit 模型回归上述的倾向得分匹配估计结果。具体模型如下：

$$P(treat=1)=f(c1、c2、\ln cc4、c5、\ln c6) \quad (6-4)$$

表 6－3 展示了 PSM 估计结果，匹配后协变量的标准偏差的绝对值相对匹配前有较大程度的降低，大多数变量的标准化偏差绝对值小于 5%，

表示平衡效果较好。此外，匹配后协变量 t 检验的 p 值均大于 0.1，说明实验组和控制组不存在显著差异。基于此，利用 PSM – DID 进行估计具有有效性。图 6 –1 展示了基于近邻匹配法进行平衡性检验。可知，样本匹配后协变量标准化偏差围绕 0 进行波动，即通过了平衡性检验。

表 6 –3　　　　PSM 结果

协变量		均值		标准偏差（%）	误差削减（%）	t 检验	
		实验组	控制组			t 值	P > | t |
FDI	匹配前	0.02577	0.01699	41	88.9	13.4	0
	匹配后	0.02517	0.0242	4.5		1.18	0.238
PD	匹配前	0.05517	0.03901	44.7	98.9	15	0
	匹配后	0.05074	0.05056	0.5		0.16	0.871
lnPGDP	匹配前	10.418	9.8611	77.2	96.3	24.98	0
	匹配后	10.351	10.33	2.9		0.79	0.428
FD	匹配前	0.58988	0.4278	76.3	92.5	24.73	0
	匹配后	0.57167	0.58387	–5.7		–1.5	0.134
lnCL	匹配前	15.614	14.917	63	99.3	20.28	0
	匹配后	15.528	15.523	0.5		0.13	0.898

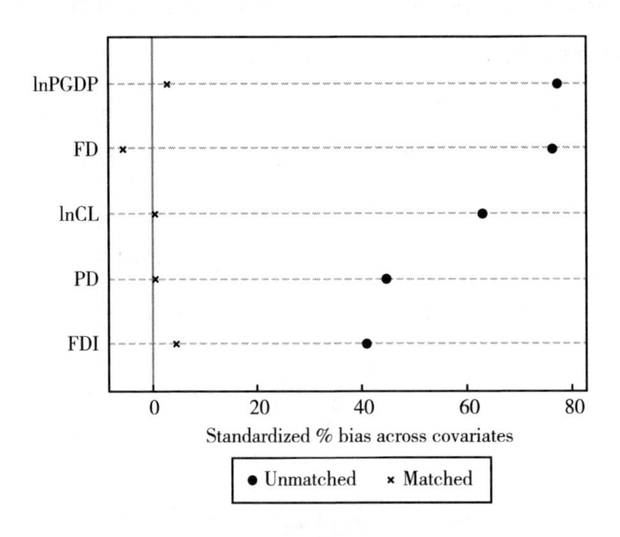

图 6 –1　协变量平衡性检验结果

注：协变量间的标准化百分比偏差（standardized % bias across covariates）；未匹配（unmatched）；匹配（matched）。

在此基础上，PSM 还需要满足共同支撑条件，从而使得估计结果具有有效性。因此，本节进一步检验了实验组与控制组的“重叠效应”，如图 6 – 2 所示。大多数样本在共同取值范围内，表示进行 PSM 时仅会损失少量样本。

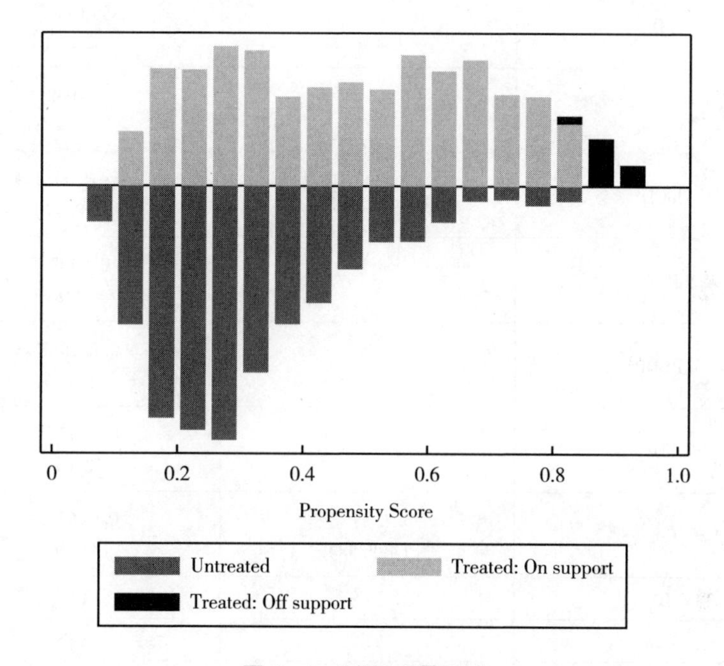

图 6 – 2　PSM 重叠区域

注：未处理组（Untreated）；处理组：在支持范围内（Treated：On support）；处理组：在支持范围外（Treated：Off support）。

在验证了 PSM – DID 方法的合理性后，通过该方法进行基准回归分析，结果如表 6 – 4 所示。与基准回归结果类似，“宽带中国”试点政策回归系数在未加入控制变量和加入控制变量后均在 1% 的置信水平下显著为正，表明“宽带中国”试点政策显著促进了城市环境质量改善，估计结果具有较强的稳健性。值得注意的是，在用 PSM – DID 方法降低选择性偏差问题后，财政分权指标系数对环境质量的系数为负并且在 5% 水平下显著。这说明财政分权抑制了生态环境的改善，与吴俊培（2015）、黄裕洪（2021）等的研究结果一致。

表 6－4　　　　PSM－DID 回归结果

变量	(1)	(2)
DID	0.0045*** (4.69)	0.0027*** (2.60)
PD		0.2148** (2.37)
FD		－0.0082** (－2.47)
lnCL		－0.0012 (－0.77)
lnPGDP		－0.0482*** (－4.89)
lnPGDP^2		0.0029*** (5.82)
FDI		0.0457*** (2.61)
Con	0.4383*** (498.58)	0.6465*** (11.76)
ID	YES	YES
Year	YES	YES
Obs	4163	4163
R^2	0.625	0.629

注：括号内的数值为 t 值或 z 值，** 、*** 分别表示在 5%、1% 的水平下显著。

6.3.3　平行趋势及动态效应检验

利用 DID 对政策进行评估的一个前提是需要满足平行趋势假设，其意义是实验组城市和控制组城市在试点政策冲击之前具有相同的环境质量变化趋势。因此，借鉴贝克等（Beck et al.，2010）的研究，通过事件分析法来进行平行趋势检验，构建模型如下：

$$EQ_{it} = \alpha + \sum_{k \geqslant -6}^{4} \beta_k D_{it}^{k} + \sum \partial_k year_k + \sum \gamma_j X_{it} + \mu_{city} + \lambda_{it} \quad (6-5)$$

赋值规则如下：用 s_i 表示“宽带中国”试点的年份，如果 $t-s_i \leqslant -6$，则 $DID_{it}^{-6}=1$，否则 $DID_{it}^{-6}=0$（为了避免多重共线性，将 $t-s_i=-12$，-11，-10，-9，-8 归并到 -7）；$t-s_i=k$，则 $DID_{it}^{k}=1$，否则 $DID_{it}^{k}=0$。k 为试点政策前后期数，试点当年为 0，由于本章的研究样本时间为 2004 ~ 2019 年，而试点于 2014 年开始，因此，k 最大值取 5；试点前共包含 10 期截面样本，将超过 6 期的设定为一个虚拟变量。在此基础上，将“宽带中国”试点当年，即 2014 年作为基准期，在上述模型中排除 $k=0$ 的虚拟变量。系数 β_k 反映了“宽带中国”试点前与试点后对城市环境质量的影响。如果 $k<0$，参数 β_k 不显著异于 0，则代表平行趋势检验有效。

图 6－3 报告了平行趋势检验的结果，本书以试点政策当年作为基期，其中，$t-6 \sim t-1$ 为政策实施前六至一年，$t+1 \sim t+5$ 为政策实施后一至五年。可以发现，参数 β_k 的估计值无法拒绝为零的原假设，满足平行趋势检验。“宽带中国”试点政策实施前各期系数估计值多不具有统计显著性，即研究样本通过平行趋势检验。

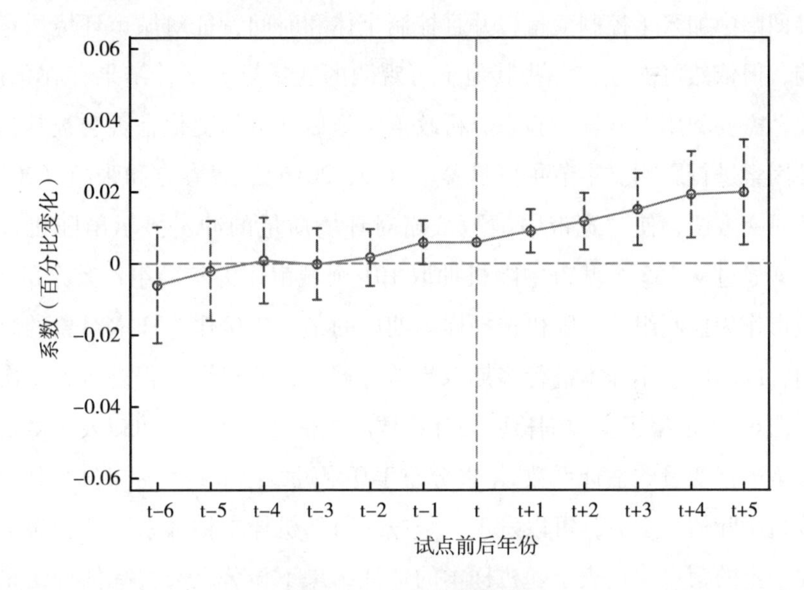

图 6－3　平行趋势检验

图 6－3 同时也是“宽带中国”试点政策动态效应的估计结果。在“宽带中国”政策实施之后，系数值均显著为正，意味着“宽带中国”战

略显著促进了环境质量的改善。随着时间的推移，政策效应开始显现并呈逐年加强的趋势。考虑到样本数据的可得性，本书没有对“宽带中国”政策运行五年后产生的相关效果和影响展开分析和探究，但是从长期效应来看，“宽带中国”试点在环境质量层面所发挥的政策作用和效果将会持续有效。

6.3.4 稳健性检验

基准回归的结论表明，“宽带中国”试点政策的实施显著提升了城市环境质量，但研究结论是否具有稳健性仍需进一步分析。本节主要通过安慰剂检验、滞后性特征、内生性缓解等方法来对研究结论进行论证。

6.3.4.1 安慰剂检验

导致 DID 估计误差的一个原因是遗漏变量对估计结果的干扰。尽管在基准回归中加入了控制变量，并且控制个体和时间特征对城市环境质量的影响，但依然可能存在一些其他不可观测的变量导致估计结果存在偏误。因此，需要利用安慰剂检验来分析政策实施后样本的变化是否会被其他随机性因素进行影响。本节主要借鉴李（Li，2016）、曹春方和张超（2020）等的研究方法，使“宽带中国”战略对环境质量的冲击显示出随机性特征，即通过从 265 个城市中随机抽取 101 个城市作为实验组；其余的 164 个城市作为控制组；并随机选择样本期内的某个年份作为样本对象的政策时间，以此反事实样本进行多期双重差分回归，并对该流程进行 500 次重复。图 6－4 汇报了安慰剂检验估计系数的核密度分布图。可以发现随机样本政策虚拟变量的估计系数 $\hat{\alpha}_1$ 多分布于 0 附近，且 p 值大于 0.1。其中竖虚线指实际估计系数，可以发现，竖虚线与随机样本估计系数的分布范围存在一定的距离。这表示随机样本的估计结果不显著且与实际估计结果存在较大差异，因此，基准回归结果并非偶然，并不会因遗漏变量而导致较大估计偏误。从而可以证明“宽带中国”试点政策对实验组的环境质量改善效应是真实存在的。

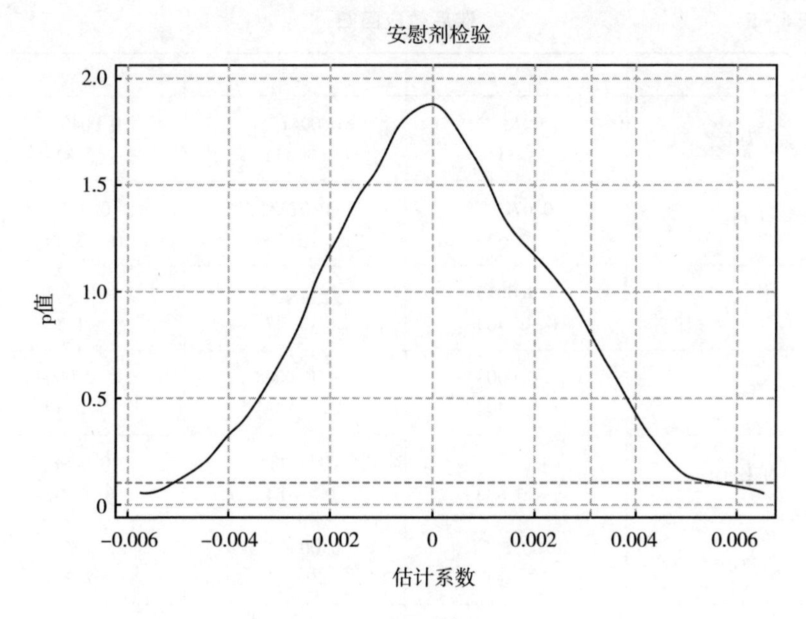

图6-4　安慰剂检验

6.3.4.2　考虑政策效应的滞后性特征

“宽带中国”试点政策实施对环境质量的影响可能存在滞后效应。由于“宽带中国”试点城市名单是在2014年、2015年和2016年的中下旬才发布的，这也导致了当年的“宽带中国”政策效应难以真正展现。并且“宽带中国”试点政策是一项长期复杂的系统工程，从项目策划、衔接、具体实施到项目验收等各流程都需消耗大量时间，而试点工程完成再到产生效果也需要经过一定的时间。因此，“宽带中国”试点政策的建设对环境质量作用的显现并不是“立竿见影”的。基于此，本节将时间节点向后推延1年、2年和3年，观察“宽带中国”试点政策效果是否依然存在。从表6-5可以看出，政策时间滞后1年、2年和3年，数字经济的系数维持在0.004左右，在1%的水平上显著为正，并且相较于基准回归的系数更大，再次证明了“宽带中国”试点政策对环境质量的正向影响，并且影响具有一定的持续性和滞后性。

表 6 - 5 滞后效应回归

变量	(1)	(2)	(3)
DID	0.0040 *** (3.54)	0.0041 *** (3.35)	0.0040 *** (2.82)
PD	-0.0727 *** (-3.57)	-0.0732 *** (-3.59)	-0.0735 *** (-3.60)
FD	-0.0050 (-1.46)	-0.0047 (-1.37)	-0.0046 (-1.33)
lnCL	-0.0008 (-0.49)	-0.0008 (-0.49)	-0.0008 (-0.50)
lnPGDP	-0.0666 *** (-6.68)	-0.0678 *** (-6.84)	-0.0698 *** (-7.07)
$lnPGDP^2$	0.0035 *** (7.01)	0.0036 *** (7.23)	0.0037 *** (7.55)
FDI	0.0333 * (1.81)	0.0325 * (1.76)	0.0319 * (1.73)
Con	0.7699 *** (13.84)	0.7742 *** (13.94)	0.7819 *** (14.12)
ID	YES	YES	YES
Year	YES	YES	YES
Obs	4240	4240	4240
R^2	0.609	0.609	0.609

注：括号内的数值为 t 值或 z 值，*、*** 分别表示在 10%、1% 的水平下显著。

6.3.4.3 改变被解释变量

由于本书被解释变量是基于压力—状态—响应模型，结合环境污染指标、绿化指标及污染治理等指标，通过主成分分析法计算而来。这虽然能够使各城市的综合环境质量更具可比性，但也会在一定程度上无法真实反映环境质量，从而导致回归结果的偏误。因此，本书以城市工业 SO_2 排放量作为城市环境质量的直接测度指标进行稳健性检验，结果为表 6 - 6 的列（1）和列（2）。结果表明"宽带中国"试点政策对城市 SO_2 排放量的影响均显著为负，证实了前述结论的稳健性。

表 6-6　稳健性检验

变量	(1) SO_2	(2) SO_2	(3) EQ	(4) EQ
DID	-2.0629 *** (-11.05)	-1.3221 *** (-6.70)	0.0052 *** (4.12)	0.0027 ** (2.04)
PD		-0.4591 (-0.12)		-0.0722 *** (-3.53)
FD		0.7293 (1.15)		-0.0052 (-1.49)
lnCL		0.3548 (1.19)		-0.0008 (-0.47)
lnPGDP		22.2194 *** (12.10)		-0.0682 *** (-6.80)
$lnPGDP^2$		-1.0781 *** (-11.71)		0.0036 *** (7.12)
FDI		-9.9497 *** (-2.94)		0.0335 * (1.81)
ye15			-0.0011 (-0.55)	-0.0014 (-0.67)
ye16			0.0010 (0.43)	0.0012 (0.53)
ye17			0.0017 (0.77)	0.0018 (0.78)
Con	6.3016 *** (36.32)	-111.7373 *** (-10.93)	0.4381 *** (468.13)	0.7765 *** (13.91)
ID	YES	YES	YES	YES
Year	YES	YES	YES	YES
Obs	4240	4240	4240	4240
R^2	0.371	0.396	0.603	0.609

注：括号内的数值为 t 值或 z 值，*、**、*** 分别表示在 10%、5%、1% 的水平下显著。

6.3.4.4　控制其他相似政策的冲击

准确评估“宽带中国”试点政策的环境质量改善效应的另一个要求在于冲击事件来源的单一性，即城市环境质量的提升只能是“宽带中国”试点政策的“冲击”，而非其他政策影响的结果。在本章研究的时间段内，还有一些其他类似的冲击事件，如生态文明建设城市、低碳城市、智慧城市以及高铁开通等都可能影响城市环境质量。因此，要想精确识别出“宽带中国”试点政策的净效应，需要对这些因素的冲击加以控制。借鉴阿巴迪（Abadie，2010）和聂飞（2019）等的研究，在不改变实验组城市的前提下。假设“宽带中国”试点实施后的三年间（2015～2017年），实验组城市还会受到“宽带中国”相类似的政策的冲击，并将2015～2017的冲击定义为二元时间虚拟变量period15、period16和period17，再通过构建交互项ye15 = period15 × treat、ye16 = period16 × treat和ye17 = period17 × treat，通过分析ye15、ye16、ye17估计系数显著性来判断其他政策对研究结论是否会造成干扰。将变量ye15、ye16和ye17纳入模型中，回归分析的结果如表6－6的列（3）和列（4）所示，从中可以看出“宽带中国”试点显著提升了城市环境质量，并且变量ye15、ye16和ye17的回归系数均不显著。该结果说明，2015～2017年实验组城市基本不存在其他政策对城市环境质量的冲击，从而说明了“宽带中国”试点政策对环境质量的影响具有较强的解释力。

6.3.4.5 内生性问题讨论

用DID对“宽带中国”政策影响城市环境质量进行评估，最优设定是“宽带中国”试点对象是完全随机选择的。然而“宽带中国”试点的选择并不是完全随机的，而是受经济发展水平、人口规模、信息资源禀赋等因素的影响。并且，如果这些因素同时影响城市的环境质量，则会导致政策内生性问题，进而导致估计结果的偏误。

基于此，本章继续采用工具变量法来对“宽带中国”试点政策促进环境质量的研究结论进行稳健性检验。通过借鉴科尔科（Kolko，2012）、刘传明和马青山等人的研究，选择城市地形起伏度（TR）作为工具变量。选择此变量的原因是，设立“宽带中国”试点城市会考虑该地区的信息基础设施建设水平，需具备一定的宽带发展基础。而地形起伏度代表了地区地形特征，其起伏度越大，信息基础设施的建设难度越大，成本越高，还会在一定程度上影响信息网络的传输质量和覆盖水平，从而影响信息基础设施运行效率。因此，地形起伏度作为工具变量满足了相关性条件。除此以外，地形起伏度作为工具变量满足排他性和外生性条件，其作为自然地理变量，本身与环境质量不存在较强关联性，不会导致地区的环境质量发生变化。

如表 6-7 所示，列（1）为第一阶段的回归结果，地形起伏度与“宽带中国”试点之间呈负向关系，工具变量一阶段的 F 统计量高于 10，Kleibergen-Paap rk LM 为 18.773，p 值为 0.000，Kleibergen-Paap Wald rk F 为 34.181，大于 10% 水平上的临界值。工具变量既通过了弱工具变量检验，也拒绝不可识别的原假设，通过了外生性检验，可以得出采用地形起伏度作为工具变量具有有效性。

表 6-7　　工具变量估计结果

变量	(1) first	(2) second
TR	-0.0536*** (-6.94)	
DID		0.0216** (2.21)
PD	0.0242 (0.08)	-0.0726*** (-3.55)
FD	0.1011** (1.98)	-0.0071** (-2.08)
lnCL	0.0158 (0.66)	-0.0011 (-0.67)
lnPGDP	-2.6809*** (-18.92)	-0.0182 (-0.66)
$lnPGDP^2$	0.1629*** (23.44)	0.0005 (0.33)
FDI	-0.3937 (-1.44)	0.0408** (2.18)
Con	13.8921*** (14.02)	0.6633*** (5.58)
ID	YES	YES
Year	YES	YES
Obs	4240	4240
R^2	0.560	0.781

注：括号内的数值为 t 值或 z 值，*、**、*** 分别表示在 10%、5%、1% 的水平下显著。

列（2）为第二阶段的回归结果，可以看出，DID 的系数为 0.0216，且在 5% 的水平下显著，从而验证了"宽带中国"试点政策对环境质量存在着显著的改善效应，与基准研究结论一致。值得注意的是，在考虑内生性问题后，DID 估计系数相较于基准回归结果有了一定的提升，其作用系数达到了 0.0216。这意味着潜在的内生性问题可能会在一定程度上低估"宽带中国"试点政策对环境质量的影响作用。

6.3.5 传导路径检验

前文较为精确地识别了数字经济的政策作用力促进环境质量改善的因果关系，即"宽带中国"试点政策显著促进了环境质量改善。那么，数字经济的政策作用力是通过何种传导路径来改善当地环境质量的？为验证该问题，本节对上述传导路径进行实证检验。

首先，数字经济的发展扩展了知识和信息的沟通传播渠道，推动经济社会知识存量的积累，驱动数字型清洁技术、能源节约技术与环保技术的进步，提高了生产过程的技术化，减少生产中的资源浪费和污染排放，间接实现环境质量的改善。因此，以科技创新作为被解释变量，同样采用 DID 方法进行回归，评估"宽带中国"试点政策对科技创新的影响效应。回归结果如表 6-8 列（1）、列（2）所示，DID 估计系数在 1% 的水平下显著为正，意味着"宽带中国"试点政策显著驱动了科技创新，而科技创新则是推动环境质量改善的根本动力。

其次，数字经济通过改变传统产业的资源与供需模式和价值创造模式，成为产业结构转型升级的驱动力，减少了生产过程中对自然资源要素的消耗，并通过信息技术使要素在产业间的分配和配置达到最优状态，实现产业发展绿色格局，从而减少污染和改善生态环境。以产业结构升级为被解释变量，评估"宽带中国"试点政策对产业结构升级的影响效应。回归结果如表 6-8 列（3）、列（4）。可知，DID 的估计系数在 1% 的显著性水平下显著为正，意味着"宽带中国"试点政策推动了产业结构升级，产业结构升级则是推动环境质量改善的一大动因。

表6-8 传导路径检验结果

变量	(1) TI	(2) TI	(3) UI	(4) UI
DID	0.6067 *** (15.37)	0.5984 *** (15.54)	0.0576 *** (3.10)	0.0755 *** (4.18)
PD		6.0974 *** (7.83)		0.0884 (0.24)
FD		0.0295 (0.22)		-0.0602 (-0.97)
lnCL		0.0398 (0.64)		0.0059 (0.20)
lnPGDP		-1.4390 *** (-9.38)		-1.1478 *** (-15.96)
FDI		-5.9779 *** (-8.68)		-0.9170 *** (-2.84)
Con	0.0466 (1.27)	12.7761 *** (8.71)	0.8426 *** (48.78)	11.5038 *** (16.72)
ID	YES	YES	YES	YES
Year	YES	YES	YES	YES
Obs	4240	4240	4240	4240
R^2	0.221	0.273	0.296	0.349

注：括号内的数值为t值或z值，*** 表示在1%的水平下显著。

6.3.6 异质性检验

在上述研究的基础上，考察“宽带中国”试点政策对城市环境质量的影响是否因城市地理区位、资源禀赋等的不同而存在差异。本节对“宽带中国”试点政策影响环境质量的异质性进行分析。

6.3.6.1 区域异质性

将样本划分为东部、中部和西部地区进行区域异质性检验，结果如表6-9的列（1）~列（3）。根据结果可知，数字经济发展推动了我国东部地区和西部地区的环境质量改善。对西部地区而言，数字经济发展对环境质量表现出了显著促进作用，且促进效应最强，影响系数为0.009，在1%的水平下显著；在东部地区，这一影响效应出现了一定程度的降低，影响系数为0.004；而在中部地区，影响效应为负且不显著。这一结果区别于第5章的区域异质性检验结果，其可能原因在于：西部地区因为数字基础设施较为薄弱，数字经济发展水平较低，“宽带中国”战略有利于破解西部地区数字经济发展困局，弥补东西部之间的数字鸿沟，从而推动数字经济跨越式发展，进而使数字经济发展的生态环境红利能够得到充分释放。而我国东部地区数字经济基础较好，有着优良的数字化产业和产业数字化基础，因此“宽带中国”战略对于数字经济的提升作用更多是“锦上添花”，对环境质量的推动力有限。

表6－9　　区域和资源异质性检验

变量	(1) 东部	(2) 中部	(3) 西部	(4) 资源型	(5) 非资源型
DID	0.004** (2.37)	－0.000 (－0.08)	0.009*** (3.39)	0.0036** (2.33)	0.0026* (1.78)
PD	－0.081*** (－3.75)	0.321** (2.57)	0.333 (0.85)	0.2823* (1.77)	－0.0789*** (－3.54)
FD	－0.026*** (－3.94)	0.001 (0.13)	－0.014 (－1.54)	－0.0061 (－1.11)	－0.0069 (－1.54)
lnCL	0.005* (1.81)	0.003 (1.11)	－0.000 (－0.06)	0.0031 (1.43)	－0.0034 (－1.47)
lnPGDP	－0.152*** (－7.28)	－0.072*** (－4.16)	－0.035 (－1.39)	－0.0306** (－1.99)	－0.0888*** (－6.62)
$lnPGDP^2$	0.008*** (8.15)	0.003*** (3.04)	0.004*** (3.38)	0.0010 (1.37)	0.0051*** (7.58)
FDI	0.019 (0.72)	0.024 (0.87)	0.181** (2.43)	0.0159 (0.55)	0.0463* (1.88)
Con	1.181*** (9.94)	0.834*** (8.54)	0.449*** (2.84)	0.5786*** (7.12)	0.8727*** (11.40)
ID	YES	YES	YES	YES	YES
Year	YES	YES	YES	YES	YES
Obs	1600	1568	1072	1632	2608
R^2	0.589	0.673	0.617	0.685	0.576

注：括号内的数值为t值或z值，*、**、***分别表示在10%、5%、1%的水平下显著。

6.3.6.2　城市资源异质性

将样本城市划分为资源型与非资源型城市并进行估计。从表6－9中列（4）和列（5）回归结果可以发现，无论是资源型城市还是非资源型城市，“宽带中国”试点政策都显著促进了城市环境质量的改善。资源型城市“宽带中国”试点政策对环境质量的影响程度显著高于非资源型城市，影响系数为0.0036，与第5章数字经济对环境质量影响的城市资源异质性估计结论相一致。“宽带中国”试点政策能够推动资源型城市的资源消耗型和污染密集型产业的转型升级和资源优化配置，进而更有效地减少污染排放，实现环境质量改善。

6.3.6.3　科技创新异质性

科技创新是数字经济影响环境质量的一个核心机制。表6－10中列（1）和列（2）分别报告了“强科技创新城市”与“弱科技创新城市”估计结果。可以发现，对于强科技创新城市而言，“宽带中国”试点政策影响系数为0.0035，在5%水平下显著；对于弱科技创新城市而言，“宽带中国”试点政策影响系数为0.0026，系数出现了下降。这说明“宽带中国”试点政策的环境改善效应在“强科技创新城市”能够更有效地展现，也表明了随着科技创新能力的提升，数字经济对环境质量的促进作用也在增强。

6.3.6.4　产业结构异质性

产业结构升级是数字经济影响环境质量的又一核心机制。表6－10中列（3）和列（4）分别报告了高产业结构城市样本和低产业结构城市样本估计结果。可以看出，“宽带中国”试点政策对高产业结构城市环境质量的作用系数显著为正，但对低产业结构城市作用系数不显著，即“宽带中国”试点政策的环境改善效应仅在高产业结构城市中存在。

表 6－10　　科技创新和产业结构异质性检验

变量	(1) 强科技创新	(2) 弱科技创新	(3) 高产业结构	(4) 低产业结构
DID	0.0035** (2.05)	0.0026** (1.97)	0.0040*** (2.66)	0.0017 (1.06)
PD	－0.0766*** (－3.28)	0.0477 (0.39)	－0.0706*** (－3.20)	－0.1606 (－0.85)
FD	－0.0096* (－1.74)	－0.0013 (－0.30)	－0.0074 (－1.34)	－0.0024 (－0.56)
lnCL	－0.0019 (－0.76)	0.0010 (0.49)	－0.0092** (－2.33)	0.0008 (0.51)
lnPGDP	－0.0876*** (－5.76)	－0.0320** (－2.33)	－0.1001*** (－6.31)	－0.0347** (－2.01)
$lnPGDP^2$	0.0046*** (6.18)	0.0018*** (2.58)	0.0055*** (6.98)	0.0017** (1.98)
FDI	0.0586** (2.21)	0.0181 (0.67)	0.0796*** (2.99)	－0.0046 (－0.18)
Con	0.8883*** (10.28)	0.5656*** (7.49)	1.0322*** (11.04)	0.6055*** (6.90)
ID	YES	YES	YES	YES
Year	YES	YES	YES	YES
Obs	2112	2128	2112	2128
R^2	0.570	0.667	0.603	0.628

注：括号内的数值为 t 值或 z 值，*、**、*** 分别表示在 10%、5%、1% 的水平下显著。

6.4 本章小结

本章基于中国 2004～2019 年 265 个城市的面板数据，利用“宽带中国”试点政策这一外生冲击，以双重差分（DID）方法评估了我国数字经济的政策作用力对环境质量的影响。除此以外，为了消除“宽带中国”设立的非完全随机选择特性，通过倾向得分匹配方法构建实验组和控制组城市样本，并建立双重差分模型（PSM + DID）来进一步评估这一现实问题。

本章基本的研究发现：（1）对比控制组城市样本而言，“宽带中国”试点政策实施确实有效促进了我国城市环境质量的改善。（2）在考虑“宽带中国”试点政策实施的滞后性特征后，研究发现“宽带中国”试点政策对环境质量的影响效应存在显著并且持续增强的现象。

进一步研究发现：（1）“宽带中国”试点政策对科技创新的作用系数为 0.5984，对产业结构升级的作用系数为 0.0755，且都在 1% 的水平下显著。即“宽带中国”试点政策的实施能够促进产业结构升级和科技创新，从而间接作用于环境质量的提高。（2）在异质性检验中，基于城市区域、城市资源禀赋、科技创新和产业结构升级的差异分析，可以得出：“宽带中国”试点政策推动了西部地区的环境质量，且促进作用最强，东部地区次之，中部地区则不显著；相较于非资源型城市而言，“宽带中国”试点政策对资源型城市的环境质量促进作用更强；强创新城市相较于弱创新城市而言，“宽带中国”试点政策的环境促进效应更强；“宽带中国”试点政策对高产业结构城市的促进作用显著，而对于低产业结构城市的促进作用不显著。

最后，为了确保本章实证研究结论的可靠性，本章进行了一系列稳健性检验，包括安慰剂检验、改变被解释变量、控制其他相似政策的冲击以及利用地形起伏度作为工具变量进行 2SLS 回归。这些稳健性检验结果表明本章研究结论较为稳健，即随着“宽带中国”试点政策的实施，我国城市环境质量有了显著的改善。

第7章

数字经济影响环境质量的系统性动态分析

前文在评估数字经济和环境质量水平时，从区域宏观视角和政策视角分析了数字经济对环境质量的影响效应，从而奠定了研究基础。然而，仅通过回归方法来研究数字经济与环境质量改善问题存在一定的不足，因为在实际中的环境质量问题是涉及经济发展、人口增长、能源消耗和科技创新的多层面要素与领域的复杂问题，并且通过回归分析法也难以对现实中推动环境质量改善的方案进行模拟预测和决策。

当前学界关于数字经济与环境质量的研究以因素识别与作用关系为关注点，其研究方法和手段多以静态分析为主，而从系统的角度对数字经济影响环境质量的动态分析有限。数字经济发展对环境质量的影响并不是静止不变的，而是随着不同要素的影响不断处于动态变化之中，系统中的不同要素和领域的变动都会导致环境质量的恶化或改善。数字经济与环境质量问题在本质上是一个动态影响的过程性问题，需要通过不同的子系统协同推进，从而实现经济和环境效益最大化，真正形成可持续发展态势。因此，必须以系统性和动态性作为切入点，分析和研究数字经济对环境质量的影响，才能够从全局上把握数字经济与环境质量的动态变化与演化形式。考虑到数字经济与环境质量演化的复杂性与动态性，传统的回归分析法和线性规划方法难以从系统角度对该类动态影响问题进行有效分析，必须依靠更为有效的分析方法来弥补这一缺陷，而系统动力学则为分析该问题提供了适用的方法。

针对数字经济影响环境质量的动态演进问题，系统动力学方法能够分析系统性复杂要素的反馈结构，通过构造数字经济对环境质量影响的系统动力学模型，同时处理数字经济与环境质量之间不同要素的多重反馈问题以及要素流动形成累积效应，进行系统性动态的模拟仿真，弥补前文中的回归分析方法的不足，并为相关政策的制定提供更直接和有效的依据。

7.1　数字经济影响环境质量的系统性动态建模方法

7.1.1　系统动力学模型特征及其方程表达

系统动力学（system dynamics）由福里斯特于 20 世纪 60 年代首次提出，被称为工业动态学。系统动力学是将控制论、系统论和信息论作为理论基础，通过构造系统性动态模型从而对系统的发展态势进行模拟仿真预测的一种成熟型方法。随着信息化社会快速发展，各类信息数据渗透社会生活，人类对于追寻系统、复杂问题的求知欲越来越强烈，而系统动力学作为解决复杂系统问题的专门学科在这种环境下其内涵和外延不断升级拓展，并可从宏观和微观层面上研究处理社会经济系统中非线性、多阶次、多变量以及多向反馈关系的复杂问题（王其藩，1995）。

系统动力学以反馈信息和反馈系统为核心，通过系统不同要素之间的因果关系来构建多层面的反馈回路，从而理清复杂系统的关系结构，分析要素相互作用的情景下系统行为的变化方式和形态。其优点具体表现在以下几个方面：一是信息反馈功能，系统信息反馈是整个系统流畅运行的关键，而所有的系统行为又都来自系统内部结构，在此基础上构成了一个闭合系统，以此使得系统运行不再局限于高精确、多数据的输入。二是重点关注研究对象的动态趋势，考察研究的系统变量不再是一定年份的具体数值。三是研究方法的灵活适用性和研究对象的拓展性，在处理过程中发现低精确、少数据的问题能灵活快速解决（蔡林，2008），对于周期性和长期性的事项能起到一定的预测、仿真的作用（许光清和邹骥，2006）。四是仿真模拟功能，仿真技术作为系统动力学解决复杂问题的重要方法，是通过设定各类政策情景，最优化选择处理问题的策略。由于经济系统和环境系统的复杂性，数字经济对环境质量的影响不仅包括社会经济，还涉及能源、政策、人口等多阶次、多重变量、多向反馈回路以及非线性的复杂系统问题。系统动力学可以从数字经济发展的动态趋势进行仿真模拟，捕捉数字经济和环境质量发展过程中内部的因果动态联系，预测数字经济和环境质量未来发展路径。通过仿真模拟技术选择最佳的策略，为解决数字经济和环境质量这个复杂系统产生的一系列问题提供可行方案。

Vensim 软件作为系统动力学研究软件，在利用 DYNAMO 计算机仿真语言进行系统实现了最优的动态模型构建，采用方程式功能键输入模型的关键方程、应用参数，利用动态模拟仿真功能输出最优结果。软件运行前，需在确保相关复杂系统问题得到充分说明和系统分析的基础上，对多重变量的定值及参数进行分析、选定，从而对真实系统结构的关系、行为进行模拟、仿真，变量仿真方程原理如下：

$$L(t) = L(t_0) + \int_0^t R(t)dt = L(t_0) + \int_0^t [inflowL(t) - outflowL(t)]dt \tag{7-1}$$

式（7-1）中，$L(t)$ 为 t 时刻的状态变量，$R(t)$ 为状态变量变化速率，$inflowL(t)$ 为状态变量输入量，$outflowL(t)$ 为状态变量输出量。

速率变量是衡量状态变量累积程度的关键性变量，通常与状态变量、辅助变量、外生变量和常量相关，如公式（7-2）所示：

$$R(t) = f[L(t), A(t), E(t), C_i] \tag{7-2}$$

式（7-2）中，$A(t)$ 和 $E(t)$ 分别表示辅助变量和外生变量在 t 时刻的值，C_i 表示常量。辅助变量作为一种关键性中间变量，对系统内部结构中的信息反馈回路起着重要的作用，它和多个变量有关，方程如公式（7-3）所示：

$$A(t) = f[L(t), A(t), E(t), C_i] \tag{7-3}$$

除此之外，表函数是 SD 模型中一种特殊的变量表达方式，当无法利用线性函数或面临难以呈现的非线性关系时，则由表函数来表示，函数表达式如下：

$$\text{lookup name} = ([(X_{min}, Y_{min}) - (X_{max}, Y_{max})]), (X_1, Y_1), (X_2, Y_2) \cdots (X_n, Y_n) \quad (7-4)$$

式（7-4）中，lookup name 指表函数，X_{min} 和 X_{max} 指表函数的最小值和最大值，Y_{min} 和 Y_{max} 指因变量最小值和最大值。

7.1.2　数字经济影响环境质量的建模步骤

本书中，首先明确系统结构的仿真目的，即辨别数字经济影响环境质量的基本路径。其次，根据构建的数字经济影响环境质量的系统性动态流图模型，将 CO_2 排放、SO_2 排放、COD 排放、工业固体废物排放以及公园绿地面积作为关键环境要素，对系统的发展态势进行模拟仿真，最后深入剖析数字经济发展对环境质量的影响。通过界定系统范畴，将经济、人口、科技、能源之间的因果路径反馈构成影响环境质量的系统。基于此，在厘清环境要素影响路径的基础上，构建因果关系反馈图。本章依据数字经济对环境质量影响的基本内涵，采用定量与定性相结合的仿真方法，对其影响路径进行模拟、仿真，最后进行仿真结果的分析与预测。

系统动力学模型构建的最终目的是获取系统的最优行为，得到解决问题的可行决策。复杂系统问题的解决实质是利用语言模型、量化模型和优化模型等，采用定性与定量的方法寻找系统的最佳结构，获取系统的最优决策集。模型构建的关键步骤分为系统分析、结构分析和模型分析三大部分，具体环节的步骤分析如下。

（1）研究问题辨析。抓住研究问题，明确研究对象，通过对研究问题的全面探究，采用量化方法使复杂多样的系统问题转化为特定的分析对象。通过剖析研究对象的基本属性和关键特征，以此确定系统动力学建模分析检验的可行性，在充分的理论基础之上，构建初步的理论分析路径。

（2）研究问题定义。确定系统的边界，重点关注复杂系统问题中研究主体和客体的特性，在此基础上对研究问题进行深入剖析，把握系统路径仿真模型运行中各要素之间的因果关系，明确研究对象的具体内涵以及研究问题的有效范围，使研究问题得到正确处理。

（3）因果关系反馈结构的分析和相关变量定义。根据现有的理论基础，厘清研究的问题和各类要素，依据系统中各要素之间相互作用的因果关系链，构建复杂系统的因果回路图。在遵循相关原则的前提下，确定变量的类型，界定系统相关变量。

（4）方程式和模型构建。第一，应用系统动力学仿真工具，依据现有数据和预测数据，使复杂系统的变量进行量化转变，构建系统各变量之间的仿真数学表达式；第二，构建系统动力学流程图，设置有效方程及参数，构建科学的系统仿真模型，从而反映复合系统的动态演进；第三，进行仿真试验，并对模型进行有效性检验，如真实性检验、灵敏度测试等。

（5）政策模型解析。根据预设的政策目标，利用通过有效性检验的系统仿真模型，设定不同的情景模式，改变模型参数，分析不同参数下的系统行为，对不同方案和不确定条件下的政策情景进行评估，使得政策建议的耦合性达到最优状态。

7.2 数字经济影响环境质量的系统性动态模型构建

本节通过分析子系统间和变量间的因果关系与数量关系，构建我国2005～2030年数字经济影响环境质量的系统性动态仿真模型。其中首要前提是在分析相关理论基础之上，将我国数字经济影响环境质量的系统性动态仿真模型划分为经济、人口、能源、环境、科技和政策子系统，并对仿真模型进行真实性检验。值得重视的是，本章构建仿真模型的最终目的不是预测，而是根据数字经济对环境质量影响的系统性动态情景，识别不同情景下环境质量差异，构建数字经济驱动环境质量改善的合理路径，为提高政策耦合性提供科学依据。

7.2.1　系统边界确定、要素分析及基本假设

7.2.1.1　系统边界确定

本节主要从宏观层面去识别系统动力学仿真模型中所涉及的对象和范围，为搭建因果关系反馈回路图和政策情景提供理论基础。在构建数字经济对环境质量影响的系统动力学模型之前，首先要确定系统的边界。建模边界是指在构建系统动力学模型的过程中对相应的子系统和整体系统进行区域界定，并识别确定不同系统动态和系统行为下最小数值的单元。系统边界的确定需注意以下三个原则：一是可行性原则，扎实的理论基础和实证分析是建模的重要支撑，系统动力学模型的构建是以理论或实证结果为基础，面向不同系统动态和系统行为处理复杂系统问题，耦合最优的政策情景，以确保计算机模拟技术在任何状态下具备有效的实践操作性。二是简洁化原则，建模之前需要明确系统边界界定的目的是删除冗余要素，筛选出对系统影响的关键因素，以最简洁的方式得到最优化结果，最大限度地减少冗余要素对系统动力学建模的干预，使得系统仿真模拟、检验处于最优情景。三是有效性原则，为判断仿真模型的真实性和合理性，确保系统动力学仿真模型最终产生的最优决策真实有效，仿真模型还需要经过历史性和敏感性测验，以充分证实模型处理复杂系统问题的有效性和科学性，以此达到系统动态和系统行为模拟、检验的最优状态，实现系统行为的有效。

本章以数字经济发展为核心研究主体，根据数字经济对环境质量影响的系统性动态情景，构建系统动力学仿真模型。通过分析模型中各要素之间的因果关系回路，以及数字经济对环境质量影响的路径，最后实现最优状态下整体系统的运行。STIRPAT 模型作为当今权威的环境影响评估模型，在本节的要素类型划分与定义中起着关键作用。STIRPAT 模型将经济、人口和技术认定为使环境发生改变的关键性要素。因此，本节以 STIRPAT 模型为理论基础，将数字经济影响环境质量的系统要素划分为经济、能源、人口、科技和环境五个子系统，各子系统之间的关系

结构如图7－1所示。

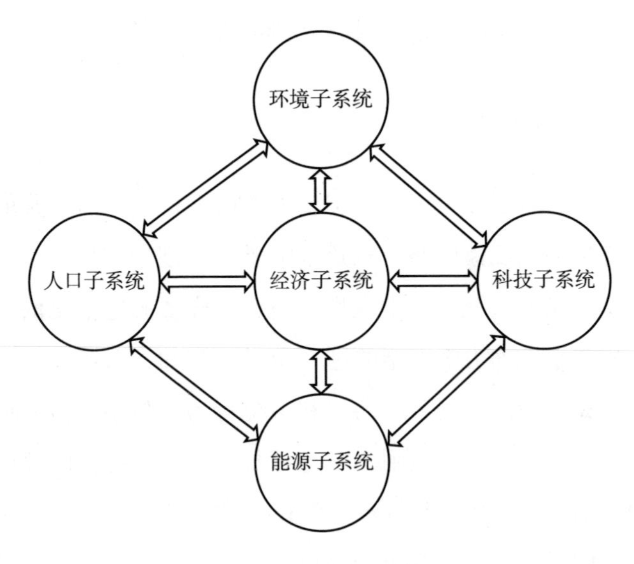

图7－1 子关系结构

7.2.1.2 系统要素分析

概而论之，系统边界内涵盖了与本书问题相关的全部要素，但为了最大限度地减少冗余要素对系统动力学建模的干预，重点突出经济、人口、科技、能源与环境子系统的整体性和协调性，使得系统仿真模拟、检验处于最优情景。本书以各子系统的本质属性为出发点，将数字经济和环境质量作为建模的关键，综合子系统上下游各要素之间的因果关系，构建因果关系反馈回路。依据前文对系统边界的划分，数字经济影响环境质量的系统性动态模型中各子系统要素如下。

（1）经济子系统。相互作用、联系的经济要素构成了经济子系统，在当前人口迅速增长、能源和环境存量变化的情境下，经济子系统作为相关经济要素构成的经济集合，在研究对能源和环境的影响关系上起着关键性作用。经济的快速发展能够改善社会生活水平，使能源、人口、科技、环境子系统得以有效运行，但是一味地追求经济发展也会促使能源消耗量提高、生态系统负荷运行。本章以研究环境系统改善为主，故简化经济子系统模型，以各个产业产值作为经济子系统的关键研究对象。其中，各产业产值是将经济子系统与能源子系统和环境子系统串联起来的重要变量，并以工业发展对环境质量产生的负面影响作为影响三废污染及 CO_2 排放的关键控制因子，为环境系统的合理运行提供支撑。经济的可持续发展的核心变量是数字经济规模的提升。经济子系统对其他系统的影响包括：①经济的发展引起消费水平的提升，使得人民对物质的需求大幅度提高，同时环境规制的缺失也将造成能源、资源的过度消耗，加剧了环境污染和生活污染物的排放；②在能耗强度不变或降低缓慢的情形下，产业产值的增长会导致更多的能源消耗和产业污染排放。③第三产业能源消耗强度低，对环境的负面影响相较于其他产业处于较低状态。增加第三产业固定资产投资，提升第三产业产值，促进产业结构优化升级，可以有效转变和提升区域能源利用水平、减少各类污染物排放量；④经济子系统也可以通过一些中间变量来影响其他各个子系统，如在数字经济发展下，社会更加倾向于增加科技创新的投入要素，从而影响科技子系统。

（2）人口子系统。人口是各个子系统中最基础的要素，经济发展、能源消耗、环境质量的变化都与人口发展相互作用、相互联系。考虑到简化模型的需要，因此在人口子系统中主要考察人口以及从业人员的增加或减少对经济发展、能源消耗和环境质量的影响，具体表现在三个方面：①在劳动供给量上，人口子系统规模的扩大为社会经济发展提供人力资本，推动各产业的发展，为产业进步提供充足的社会劳动力；②人口子系统加重了环境污染，加剧了能源消耗，人口规模的扩大使得社会物质需求的总量也逐渐扩大，加大环境负荷；③人口子系统提高了研究与试验发展（Research and Experimental Development，R&D）人员数量，人口数量的增长同时带动了 R&D 人员数量的提高，从而促进科技子系统的发展。

（3）能源子系统。科学合理利用能源，促进能源利用结构的优化升级，降低单位产品能源消耗量是能源子系统的核心目标，也是驱动整个系统平稳运行的关键动力。随着社会经济发展水平的提升，人口、经济、科技等对能源的需求也大幅度上升。一方面，经济发展速度需要与之匹配的能源供给；另一方面，社会进步、人口增长带来的衣食住行等方面的需求使得能源消费量迅速扩大。能源子系统对其他系统产生了不同的影响，具体表现在两点：①控制能源消耗量、优化能源利用结构对减少 CO_2 排放量起着关键作用；②能源消耗量的增加加剧了环境污染，给环境、生态带来持续的破坏，致使环境负荷逐渐加深，经济发展速度也随之受到制约。

（4）科技子系统。在本系统中考虑科技要素的目的在于科技创新是数字经济影响环境质量的重要手段。新经济增长理论指出，科技创新的核心要素是知识积累。随着经济迅猛发展，数字经济作为新形势下的驱动科技创新的重要中坚力量，对知识与信息的传播产生了重要影响，一方面数字经济的创新发展便利了信息与知识传播，开辟了知识和信息传播的新渠道，为知识持续积累提供了充足动力，提升了知识传播效率；另一方面知识储量的增加为创新主体和创新要素间有效衔接搭建了桥梁，提高社会知识储备量，提升人口素质，进而促进科技创新。地区的整体创新能力高低由研发（R&D）资本存量和 R&D 人员投入决定。科技创新的作用主要表现为：科技创新能够提升能源利用效率，推进节能降耗，降低产业能耗强度，从而促进产业生产方式集约化转型，改善环境污染情况。

（5）生态环境子系统。经济、人口、能源、科技子系统的相互作用、相互联系的最终归宿是生态环境子系统的发展。环境子系统是环境各个要素和环境结构的有机整合，重点关注在一定的人口增长、经济发展、能源消耗、科技创新条件下环境的容纳量以及生态环境的变化对经济发展造成的影响。良好的生态环境为社会发展提供了必要的物质条件，在一定程度上将绿色效益转化为经济效益，为空间地域发展创造绿色效能。生态环境子系统与其他系统关系主要体现在两点：①由于经济迅猛的发展，必然对物质需求的种类和数量产生更高的要求，但也会消耗大量的资源和能源，并产生大量废气、废水以及固体废弃物进而降低资源和能源承载力水平，破坏生态系统的稳定性；②环境的污染会对经济社会产生负面影响，造成大量经济损失，社会需要花费更多的投资来治理环境问题。

表 7－1 主要介绍了数字经济发展影响环境质量的系统动力学仿真模型中经济、人口、科技、能源和环境子系统的系统边界和主要变量。

表7-1　系统主要变量

子系统	主要变量
经济子系统	数字经济占比、数字经济增量、数字经济增长率、数字经济规模、第一产业产值、第二产业产值、第三产业产值、第一产业固定资产投资、第二产业固定资产投资、第三产业固定资产投资、固定资产投资、第一产业固投比、第二产业固投比、第三产业固投比、生产总值、工业产值占第二产值比例、工业产值、绿色生产总值、人均产值、CO_2 单位治理成本、SO_2 单位治理成本、COD 单位治理成本、工业固体废弃物单位治理成本、CO_2 经济损失、SO_2 经济损失、COD 经济损失、工业固体废弃物经济损失、PPI 指数、环境污染经济损失、城镇园林绿化建设投资额、城镇园林绿化建设投资额占比、产业结构
人口子系统	第一产业从业人员占比、第二产业从业人员占比、第三产业从业人员占比、从业人员占比、第一产业从业人数、第二产业从业人数、第三产业从业人数、从业人员数、人口数、人口自然增长数、人口自然增长率、城镇人口、城镇化率
科技子系统	R&D 资本折旧率、R&D 资本折旧量、科技创新、R&D 人员全时当量、R&D 人员占比、R&D 资本增量、R&D 资本存量
能源子系统	第一产业能耗强度、第二产业能耗强度、第三产业能耗强度、工业能耗强度、第一产业能耗量、第二产业能耗量、第三产业能耗量、能源消费总量、工业能源消耗量、工业能源消耗占比、人均生活能耗、原油消耗、原油消耗占比、原油平均低位发热量、天然气消耗、天然气消耗占比、非化石能源消耗占比、天然气平均低位发热量、煤炭消耗、煤炭消耗占比、煤炭平均低位发热量、生活能耗
环境子系统	CO_2 排放量、COD 排放量、SO_2 排放量、人均公园绿地面积、人均生活 SO_2 排放量、人均生活污水 COD 排放量、公园绿地面积、公园绿地面积年增加量、单位 CO_2 排放量、单位工业产值 COD 排放量、单位工业产值 SO_2 排放量、单位工业产值固体废弃物排放量、单位投资公园绿地面积建设量、原油 CO_2 排放量、原油碳排放系数、天然气 CO_2 排放量、天然气碳排放系数、工业 COD 排放量、工业 SO_2 排放量、工业固体废弃物排放量、煤炭 CO_2 排放量、煤炭碳排放系数、生活 COD 排放量、生活 SO_2 排放量、环境污染程度、环境质量因子

7.2.1.3　基本假设

以数字经济对环境质量的影响为核心研究主体的仿真模型，本质是一个复杂的系统性动态模型。复杂系统涉及众多相关要素，难以面面俱全。因此，根据系统最简原则，在遵循研究的初衷和目的下，通过一定的假设，从研究全局出发，把握复杂系统中的主要因素，以保证系统的平稳运行。提出基本假设的作用在于：一方面使研究重点关注关键影响因素，为系统运行达到最优、最简状态提供重要路径；另一方面，将抽象现实转化为具体模型，有助于对环境可持续发展的综合分析，简化复杂系统的辨识，进而利于整个系统模型的构建与分析。

基于此，重点提出以下假设。

（1）假设我国社会环境处于非常稳定的状态。仿真模型对突发事件的预测能力和事件处理的有效性较差，经济子系统和环境子系统涉及的要素较多，因此假设相对稳定的内外部社会环境十分重要。例如，模拟期间数字经济稳定持续增长，无较大幅度的波动、无特大自然灾害事故发生等。

（2）假设我国社会经济发展是一个独立的个体，不考虑其他外部发展因素。通常来说，空间地域的发展不仅由内部环境条件决定，也或多或少受外部环境的影响，但由于数据的获取会受到多方面的制约，因此本章将排除一些外部因素以使模型的构建更具有可行性、可实践操作性。例如，排除掉资产进出口流动、资源的外部供给、外部环境污染转移等因素。

（3）假设在模拟期内，我国的人口增长率按现有水平演进。尽管国家从 2015 年开始实施全面“二孩”政策，在 2021 年又全面推进了“三孩”政策，但人口增长率的变化情况仍不明显，依然呈现持续降低的态势，政策效果导致的人口规模结构的变化幅度较小。为了确保模拟仿真过程中人口规模变化幅度不出现较大波动，需要假设我国人口增长率一直处于现有状态，即持续降低趋势。

（4）假设本书中环境子系统的系统边界具有可描述性，即有一定的范围。一般情况下环境系统所涉及的要素十分广泛，而本书的关键是数字经济与环境质量，重在考虑数字经济对环境质量产生的一系列影响，而其他教育、文化、交通等要素虽然在一定程度上对环境系统产生了重要作用，但并非本书的重点所在，故在定义系统边界时将简化或者缩小相关要素。

7.2.2 因果关系回路图

构建具有科学性、逻辑性的因果关系回路图是系统动力学模型稳定运行的保障。为了更为详细、具体地描述各个要素之间关系，因果关系回路图（causal loop diagram，CLD）作为一种定性描述系统结构的图谱，在分析系统动态和系统行为上具有重要作用。CLD 能够通过因果链揭示各个要素之间的反馈关系，以此研究系统动态变化的内在因果关系（Sterman & John，2008）。本章通过对研究内容和对象的深层次分析来确定系统的结构，把握数字经济影响环境质量的系统性动态演进过程中系统的构成要素间的因果链、各子系统的系统边界。探究各个要素间因果关系，深入分析各要素间的正负反馈及制约影响情况。最后借助系统动力学软件 Vensim Dss 构建基于数字经济对环境质量影响的因果关系回路图，具体如图 7－2 所示。

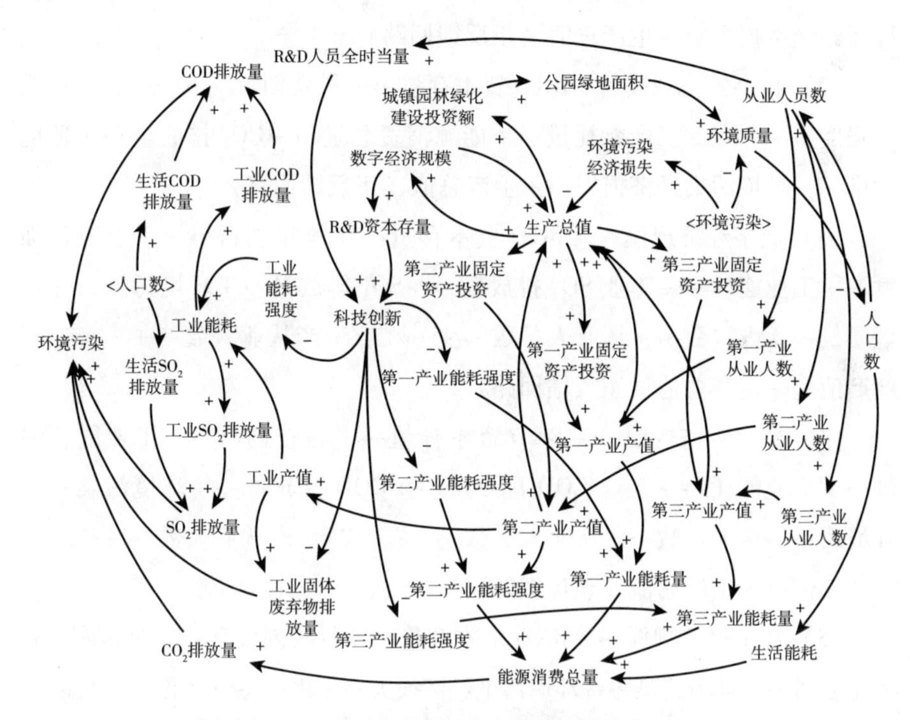

图 7－2　数字经济影响环境质量的因果回路

通过深入分析系统行为的相互关系，根据反馈机制，在数字经济对环境质量影响的系统动力学因果回路图中搭建不同的反馈回路路线，各个反馈路线之间相互联系、相互影响，促使系统朝着不同路径演进。通常反馈路线分为正反馈回路和负反馈回路。正反馈表示，如果原因增加，得到的结果必然超出之前的程度，原因减少，则低于原有的程度。负反馈表示，如果原因增加，则低于原有的程度，原因减少，则超出原有的程度。当正反馈回路原因增加时，其具有较高的发散性，最终将造成系统紊乱，使得系统陷入恶性和良性的循环；而负反馈由于其自身的稳定性和收敛性，能够使处于混乱状态的系统通过自我校正、稳定、收敛等功能，恢复到初始状态，使其在恶性和良性的循环中逐渐排除外界的干扰，达到最优状态。根据对研究内容的系统间各要素关系的深入剖析，结合 Vensim Dss 中的 Loops 功能，罗列以下重要反馈回路：

（1）数字经济规模→+R&D 资本存量→+科技创新→-工业能耗强度→+工业能耗→+工业 COD 排放量→COD+排放量→+环境污染→+环境污染经济损失→-生产总值（正反馈回路）

（2）数字经济规模→+R&D 资本存量→+科技创新→-一/二/三产能耗强度→+一/二/三产能耗量→+能源消费总量→+CO_2 排放量→+环境污染→-环境污染经济损失→+生产总值（正反馈回路）

（3）数字经济规模→+R&D 资本存量→+科技创新→-工业能耗强度→+工业能耗→+工业 SO_2 排放量→+SO_2 排放量→+环境污染→-环境质量→+人口数→+从业人员数→+一/二/三产从业人数→+一/二/三产产值→+生产总值（正反馈回路）

（4）数字经济规模→+R&D 资本存量→+科技创新→-工业能耗强度→+工业能耗→+工业 COD 排放量→+COD 排放量→+环境污染→-环境质量→+人口数→+从业人员数→+一/二/三产从业人数→+一/二/三产产值→+生产总值（正反馈回路）

（5）数字经济规模→+R&D 资本存量→+科技创新→-工业固体废弃物排放量→+环境污染→+环境污染经济损失→-生产总值（正反馈回路）

（6）数字经济规模→+R&D 资本存量→+科技创新→-工业固体废弃物排放量→+环境污染→-环境质量→+人口数→+从业人员数→+一/二/三产从业人数→+一/二/三产产值→+生产总值（正反馈回路）

（7）数字经济规模→+R&D 资本存量→+科技创新→-一/二/三产能耗强度→+一/二/三产能耗量→+能源消费总量→+CO_2 排放量→+环境污染→-环境质量→+人口数→+从业人员数→+一/二/三产从业人数→+

一/二/三产产值→+生产总值（正反馈回路）

（8）人口数→+生活COD排放量→+COD排放量→+环境污染→-环境质量（负反馈回路）

（9）人口数→+生活SO_2排放量→+SO_2排放量→+环境污染→-环境质量（负反馈回路）

（10）人口数→+生活能耗→+能源消费总量→+CO_2排放量→+环境污染（正反馈回路）

（11）人口数→+从业人员数→+R&D人员全时当量→+科技创新→-工业固体废弃物排放量→+环境污染→-环境质量（正反馈回路）

（12）人口数→+从业人员数→+R&D人员全时当量→+科技创新→-工业能耗强度→+工业能耗→+工业SO_2排放量→SO_2+排放量→+环境污染→-环境质量（正反馈回路）

（13）人口数→+从业人员数→+R&D人员全时当量→+科技创新→-工业能耗强度→+工业能耗→+工业COD排放量→+COD排放量→+环境污染→-环境质量（正反馈回路）

（14）人口数→+从业人员数→+R&D人员全时当量→+科技创新→-一/二/三产能耗强度→+一/二/三产能耗量→+能源消费总量→CO_2+排放量→+环境污染→-环境质量（正反馈回路）

7.2.3　系统动力学流图

构建数字经济影响环境质量的系统性动态模型需要综合考虑系统各个要素的运行状态，因果关系回路图仅揭示各个系统要素之间的因果关系和反馈机制。因此，构建系统动力学流图来描述不同要素之间的协同运行状态至关重要。系统动力学流图以数字经济对环境质量影响的系统动力学因果回路图为基础，进一步分析变量的性质，增加对变量性质的描述，以此解释系统运行的规律，反映系统要素间信息流和物质流的运行路径，展现系统要素之间的逻辑关系。如图7-3所示。

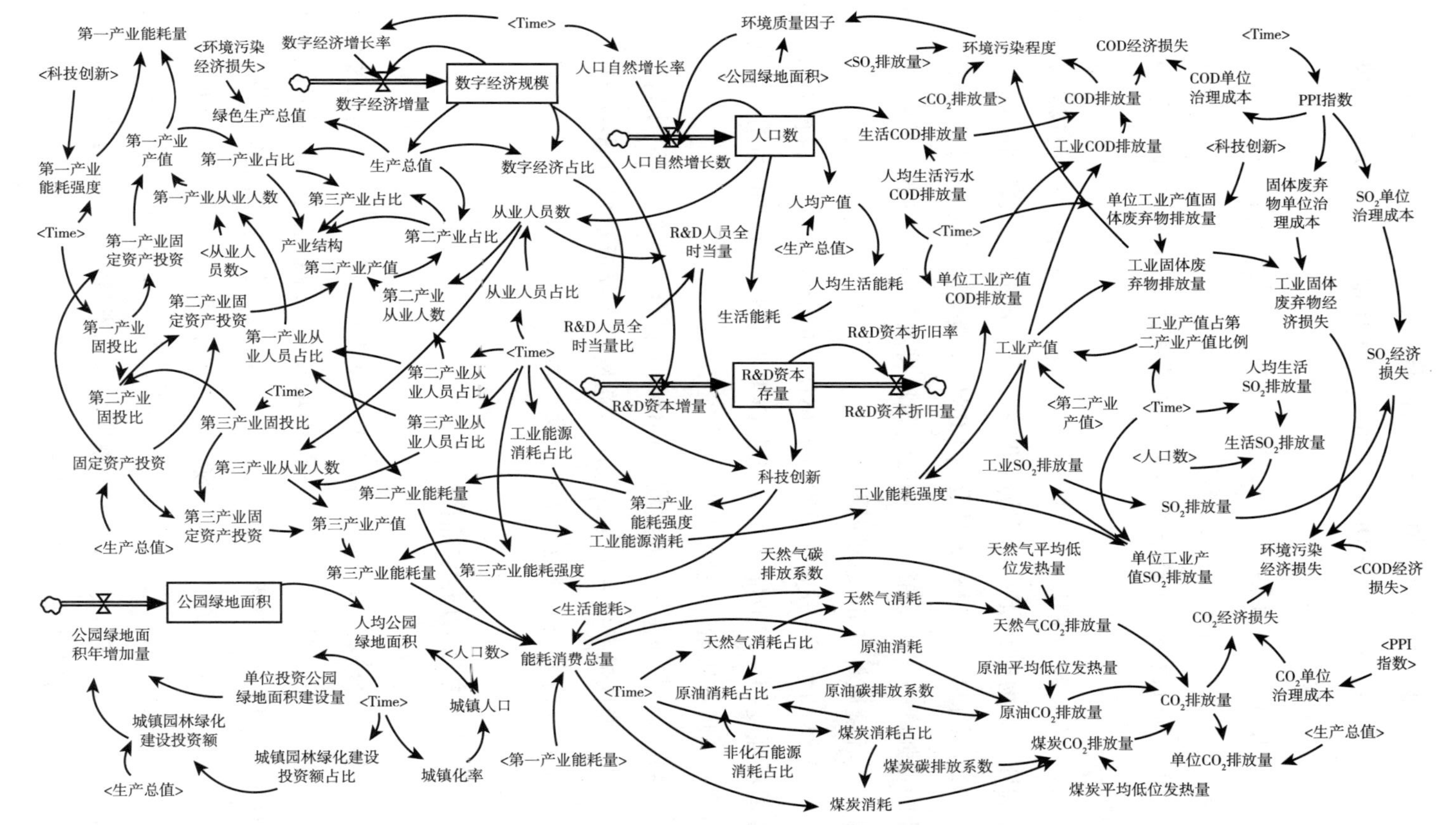

图7-3 数字经济影响环境质量的系统动力学流图

7.2.4　模型主要参数计算及方程确定

系统动力学方程是在系统因果关系回路图和流图的基础上对系统各个要素之间的关系进行数量分析与解释，并作出定量描述的一种方法，具体包括初值方程、水平方程、常数方程、速率方程及辅助方程。在本书的流图中又表现为状态变量、常量、速率变量和辅助变量，通过关系式来表示系统的变化过程，揭示变量间参数关系。本节变量的数据选取严格遵循相关标准，主要选自《中国统计年鉴》《中国环境统计年鉴》和国家统计局数据库等，资料来源科学权威。对于缺失的数据主要采用指数平滑法、线性插值等方法补齐。其中数字经济的数据来源于中国信息通信研究院发布的《中国信息经济发展白皮书》和《中国数字经济发展白皮书》。由于原始数据有限，即使基于数字经济对环境质量影响的仿真模型在短期、中期时间内得到的实验结论具有可靠性，但是依旧无法避免因超出时间范围所带来的模型精确度降低的后果。基于此，本章选取数字经济影响环境质量的系统性动态仿真模拟时间为 2005 ~ 2030 年，并将 2005 ~ 2019 年作为模型的构建与检验期，以支持仿真模型运行前的调试测验工作以及重要参数的界定。将 2020 ~ 2030 年设为仿真模型预测区间，该时间段的模拟预测主要目的是展望未来近十年的能源消费、环境污染的相关趋势，以期为后文政策分析作铺垫；时间仿真步长的间隔为 1 年。为提高仿真模型中的各个变量之间相互关系的合理有效性，本章在搭建仿真模型的各个阶段注重与实际数据相结合，并对相关变量进行调试、测验，以期符合我国数字经济发展与环境质量改善的现实情况。

综上所述，根据最简化、可行性、有效性等原则，本章模型拟选取 4 个水平变量、5 个速率变量、93 个辅助变量及 10 个常量，鉴于篇幅字数较长，不便如数列举，故重点介绍各子系统中关键的方程式。

7.2.4.1 主要参数计算

（1）R&D资本存量测算。

以经济学家格里利克斯（Griliches）为主要代表的学者指出：R&D的关键是创造新技术知识，其本质是一种流量，是每个年度用来支付R&D费用而产生的输出。研究表明R&D投资产生的新兴技术知识大部分均是过去研究开发活动的重要积累。依据蔡虹和张永林（2008），刘建翠和郑世林（2016）等的相关理论研究，采用永续盘存法将R&D资本存量的公式设定为：

$$KZ_t = (1-\delta)KZ_{t-1} + \sum_{i=1}^{n}\mu_i E_{t-i} \qquad (7-5)$$

式（7-5）中，KZ_t指t期的R&D资本存量；E_{t-i}为$t-i$期的R&D投资额；μ_i为R&D投资在第i年转化的R&D资本存量。δ为R&D资本折旧率。

因为R&D活动的周期持续时间较长，因此，当期R&D资本存量主要由两部分构成：一是上期存量扣除折旧后的净额；二是资本投资的滞后效应所导致的过去R&D支出在当期形成的存量值。R&D支出每年的积累率存在差异，体现在μ_i的差别上。鉴于现实情况无法厘清其滞后差异，所以将滞后期θ设定为：

$$\mu_i = \begin{cases} 1, & (i=\theta) \\ 0, & (i\neq\theta) \end{cases} \qquad (7-6)$$

因此，$KZ_t=(1-\delta)KZ_{t-1}+E_{t-\theta}$，即当年的R&D投资在滞后$\theta$年全部转化为R&D资本存量。根据胡和杰弗逊（Hu & Jefferson，2005），吴延兵（2006）等的研究，将θ设为1，δ设为15%。将公式进一步设定为：

$$KZ_t=(1-\delta)KZ_{t-1}+E_{t-1} \qquad (7-7)$$

基期R&D资本存量的计算公式为：$K_0=E_0/(g+\delta)$，其中g指R&D投资年平均增长率。

（2）能源碳排放测算。

自“双碳”目标的出台，碳排放问题已经摆在了国际舞台上，问题解决的重要性也日益凸显。国际能源署发布的《2019 年度全球碳排放报告》显示：2019 年全球碳排放总量达到历史新巅峰 343.6 亿吨左右，煤炭、石油和天然气所产生碳排放量分别占43%、35%和22%。因此，本章 CO_2 的计算充分结合数据的有效性和可得性，重点考察煤炭、原油和天然气的 CO_2 排放量。

碳排放数据的测算是采用“从上自下”的方法，即借助能源消费的统计数据对能源消费碳排放量进行核算。这种“从上自下”的计算方式对数据量的要求较低，在宏观数据计算中也可防止因统计口径变化导致能源消费量的缺失问题；但其将能源消费均看作统一技术下的燃烧碳排放，可能会导致重复计算（刘竹等，2011）。对能源消费碳排放量进行核算时，应重点关注以下两个问题：一是产生碳排放的为能源终端消费量；二是不考虑加工、改造、输配能源过程中发生能源损耗所导致的碳排放。为使研究数据更具科学合理性，本章借助《IPCC 2006 国家温室气体排放清单指南》中推荐的方法来计算化石能源燃烧碳排放，具体方法如下所示：

$$C = \sum_{j=1}^{n} E_j \times W_j \times F_j / 10^9 \tag{7-8}$$

式（7－8）中：C 表示 CO_2 排放量；j 表示各种能源，具体为煤炭、原油和天然气；E_j表示 j 能源消费量，单位为万吨；W_j表示 j 能源的平均低位发热量，单位为 kJ/kg；F_j表示 j 能源的 CO_2 排放因子，单位为 kg/TJ。W_j和 F_j 具体数值如下表 7－2 所示。

表 7－2 化石能源碳排放系数

化石燃料	$W_j/(kJ \cdot kg^{-1})$	$F_j/(kg \cdot TJ^{-1})$
煤炭	20908	95977
原油	41816	73333
天然气	38931	56100

（3）环境污染经济损失测算。

本章主要利用治理成本法测算环境污染所造成的经济损失的实际数

值，该方法选取 CO_2 排放量、SO_2 排放量、COD 排放量以及工业固体废弃物排放量作为环境质量影响重要指标，引用 CO_2、SO_2、COD 及工业固体废弃物的治理成本，依次为：4.965 元/吨（1988 年价格）、1101.742 元/吨（1988 年价格）、1116.63 元/吨（1988 年价格）及 20 元/吨（2004 年价格）（李国璋，2010；肖士恩和雷家骕，2011；刘沐宇和陈方芳，2010）；为了测算 2005～2019 年四种污染历年环境退化成本，因此需明确四种污染的当期单位退化成本，鉴于降低环境污染付出的成本与居民所使用的消费品的关联性不大，所以采用李娟伟和任保平（2011）等提出的方法，通过以工业品出厂价格指数（Producer Price Index，PPI）为基准折算出过去每年的各类污染的环境退化所消耗的成本，根据计算公式对 2005 年的 CO_2、SO_2、COD 及工业固体废弃物的治理成本进行计算，得出治理成本分别为 12.8427 元/吨、2849.81 元/吨、2888.32 元/吨、20.98 元/吨。上述结果计算依据为：将 2005 年作为基期，第 t 年的单位环境退化成本 = 2005 年的单位环境退化成本 × 第 t 年的定基比 PPI 指数。

7.2.4.2 主要方程确定

数字经济影响环境质量的系统性动态模型中的参数主要由常数、初始值以及表函数组成。在明确个别参数的范围和定义时，需重点考虑两方面：一方面是节能减排系统的内外部组织特征；另一方面要兼顾主要变量数据的稳固性和各个变量之间相互联系、相互作用的一些特征。

1. 水平变量

水平变量作为一种状态变量，主要代表相关量的累计水平，通常用来表示某些事物随时间变化而发生的持续积累的一种状态，例如，某个区域人口数量随着时间的变化以及该区域人口自然增长率的变化而发生的人口数量增加或减少的情境。R&D 资本存量的变化由 R&D 资本增量和 R&D 资本折旧率决定。在本书中，即使数字经济规模的累积性体现得不够明显，但数字经济规模的数量变化特征符合水平变量的累积性状态。因此，仿真模型设定的水平变量包括人口数、数字经济规模、R&D 资本存量和公园绿地面积，设立符合本研究的水平变量模型方程，具体如下所示：

数字经济规模 = INTEG(数字经济增量,26161)

R&D 资本存量 = INTEG(R&D 资本增量 - R&D 资本折旧量,1741)

人口数 = INTEG(自然增长数,130756)

公园绿地面积 = INTEG(公园绿地面积年增加量,28.38)

2. 辅助变量

以回归方程与表函数来设立辅助变量的定量方程，在研究中以不同表达方式展现。

(1) 回归方程。

① 数字经济规模与 R&D 资本增量回归拟合。由于数字经济是指以数字化的知识和信息作为关键生产要素，当数字经济的发展成为创新驱动发展的重要作用力时，R&D 资本投入也会随之上升。在本章仿真模型中将 R&D 资本增量和数字经济规模作为关键指标，以 2005～2019 年的统计数据为基础，对二者关系进行回归拟合，测算变量关系，如下所示：

R&D 资本增量 = EXP[0.681533 × ln(数字经济规模) - 0.657137]

② 能耗强度与科技创新回归拟合。本书仿真模型中能源消费结构由第一、第二、第三产业和日常社会生活中消费能源的消耗部分组成，其中每个产业所消耗的能源多少以及能源强度与当期的科技创新水平存在较大关联。考虑到数据检验的时间跨度较长，并且受到一些系统外部要素的影响，使得部分变量的数据波动程度较大，为了使研究结果更接近现实，通过散点图分析将时间划分为几个阶段进行拟合。科技创新与能耗强度的方程如下。

第一产业能耗强度 = IF THEN ELSE(Time < = 2008, - 0.234737 × ln(科技创新) + 3.38342,10640 × ln(科技创新)^ - 4.1463)

第二产业能耗强度 = IF THEN ELSE(Time < = 2008,1.18896 × ln(科技创新)^2 - 33.068 × ln(科技创新) + 231.265,IF THEN ELSE(Time > 2008:AND:Time < 2014,0.31553 × ln(科技创新)^2 - 9.43556 × ln(科技创新) + 71.6614,IF THEN ELSE(Time > = 2014:AND:Time < 2017, - 0.25854 ×

ln(科技创新)^2 +7.48957 ×ln(科技创新) -53.1288,4.00239e +07 ×ln(科技创新)^-6.46869)))

第三产业能耗强度 = IF THEN ELSE(Time < =2008, -2.89938 ×ln(科技创新)^2 +77.4527 ×ln(科技创新) -516.552,1.84729e +06 ×ln(科技创新)^-5.9381)

③ 多元回归。数字经济发展对科技创新的影响主要体现在 R&D 人员全时当量和 R&D 资本存量的增加对科技创新的促进效应。在模型参数设定过程中，采用多元线性回归来进行变量关系拟合。方程如下所示：

科技创新 = IF THEN ELSE(Time < =2013,EXP(ln(R&D 人员全时当量) ×0.704839 +ln(R&D 资本存量) ×1.05736 +3.01103),EXP(ln(R&D 人员全时当量) ×1.6181 +ln(R&D 资本存量) ×0.613032 +3.52753))

(2) 表函数。

表函数的应用场景通常包含两个方面：一是用来表示两个变量间的特殊非线性关系；二是用来描述动态常量，某些常量在运行过程中会因一些要求需改变其自身的数值，这时表函数作为一种用户自定义函数就被用来描述这种动态数值。表函数一般以列表形式来表达，是系统动力学建模过程中所采用的一种自定义函数，用户首先通过自变量和因变量关系逐个列出成表，其次如果检测到自变量不在现有的数据里，系统将会自动以线性插值法测算对应的因变量。在处理动态性较高的常量时，表函数可以快速解决这种非线性关系，以此使得仿真模型在模拟现实系统时更具有效性、精确性。表函数的缺点在于无法对未来数据进行预测，鉴于此，本书需要对 2019 年后的数据进行调整。通常根据主观经验、借鉴规划成果进行相关调整，以人口自然增长率、数字经济增长率、非化石能源消耗占比为例，说明如下：

① 2019 年后的人口自然增长率以 2005 ~2019 年的人口自然增长率进行预测，测算结果显示 2026 年人口增长达到峰值，与丁金宏和耿文均等 (2021) 预测的 2026 年中国总人口将到达峰值相吻合。依据预测结果将人口自然增长率设定为：

人口自然增长率 = WITH LOOKUP (Time,([(2005, -0.003) - (2030, 0.01)], (2005, 0.0052923), (2006, 0.00518076), (2007, 0.00509351), (2008, 0.00487944), (2009, 0.0048033), (2010, 0.00615254), (2011, 0.00745649), (2012, 0.00591516), (2013, 0.00672879), (2014, 0.00494021), (2015, 0.00654974), (2016, 0.00559498), (2017, 0.00378542), (2018, 0.00332287), (2019, 0.003182), (2020, 0.00271), (2021, 0.002238), (2022, 0.001767), (2023, 0.001295), (2024, 0.000823286), (2025, 0.000351571), (2026, -0.000120143), (2027, -0.000591857), (2028, -0.00106357), (2029, -0.00153529), (2030, -0.002007)))

② 国家发展改革委与国家能源局发布的《能源生产和消费革命战略(2016-2030)》表示：2030年非化石能源消费占比为20%左右，天然气占比为15%左右。故将非化石能源消耗占比和天然气消耗占比设定为：

非化石能源消耗占比 = WITH LOOKUP (Time,([(2005,0) - (2030, 1)], (2005, 0.135965), (2006, 0.074), (2007, 0.075), (2008, 0.084), (2009, 0.085), (2010, 0.094), (2011, 0.084), (2012, 0.097), (2013, 0.102), (2014, 0.113), (2015, 0.12), (2016, 0.13), (2017, 0.136), (2018, 0.145), (2019, 0.153), (2020, 0.159), (2030, 0.2)))

天然气消耗占比 = WITH LOOKUP (Time,([(2005,0) - (2030,0.3)], (2005, 0.024), (2006, 0.027), (2007, 0.03), (2008, 0.034), (2009, 0.035), (2010, 0.04), (2011, 0.046), (2012, 0.048), (2013, 0.053), (2014, 0.056), (2015, 0.058), (2016, 0.061), (2017, 0.069), (2018, 0.076), (2019, 0.08), (2020, 0.084), (2030, 0.15)))

③ 中国社科院数量经济技术研究所发布的《数字经济蓝皮书：中国数字经济前沿（2021）》指出：2021~2025年，我国数字经济年均增速为11.3%左右。因此，在基准情景下，将数字经济增长率设定为：

数字经济增长率 = WITH LOOKUP (Time,([(2005,0.21626) - (2030, 0.2)], (2005, 0.21626), (2006, 0.247811), (2007, 0.211277), (2008,

0. 311688),(2009,0. 254356),(2010,0. 199289),(2011,0. 237254),(2012,0. 196932),(2013,0. 150198),(2014,0. 152567),(2015,0. 212141),(2016,0. 203319),(2017,0. 151606),(2018,0. 145296),(2019,0. 0937439),(2020,0. 113),(2021,0. 113),(2022,0. 113),(2023,0. 113),(2024,0. 113),(2025,0. 113),(2026,0. 113),(2027,0. 113),(2028,0. 113),(2029,0. 113),(2030,0. 113))

3. 常量

常量通常用来表示某个指标的一个具体数值，是测算数值过程中发生变化最为稳定的相关指标。模型中涉及的常量有煤炭碳排放系数、天然气碳排放系数、原油碳排放系数、煤炭平均低位发热量、天然气平均低位发热量、原油平均低位发热量、R&D 资本折旧率这 7 项指标，具体数值见 7. 2. 4. 1 节。

7. 3 模型检验及结果分析

模型检验根本目的是对模型的有效性、可行性、准确性进行测验，判断仿真模型是否与实际系统相符合，测试搭建的仿真模型获取有效信息的行为以及系统动态与现实系统特征和运行规律是否相对应，从而验证仿真模型能否有效解决实际问题。利用相关检验方法来验证模型检验过程及结果的直观性、正确性，本节主要通过直观检验、运行检验、历史性检验和敏感性检验来展开测算和分析。

7. 3. 1 直观检验

直观检验的主要途径是利用现有的仿真模型与实际系统的特征、行为进行比较，以验证仿真模型组织结构、因果关系、变量选取、数量关系、变量量纲、逻辑关系和驱动机制等与实际系统的一致性。本章以丰富的理论基础和现实经验为依据，结合相关研究成果，从我国数字经济发展和环境质量现状出发，选择能够代表我国数字经济影响环境质量的系统性动态模型各子系统特征的指标变量。筛选指标变量严格遵循有效性和实际性原则，对数据的来源谨慎把控，确保其科学规范。通过科学界定系统边界结构，利用构建的科学数量关系式来揭示复杂系统各个变量间的有机联系，使仿真模型的内部组织结构不仅有效阐释了需要解决的问题，也显示出了各类变量间的因果关系以及反馈回路。当仿真模型结构与现实系统结构相符合时，表示真实系统的根本特征和运行规律与复杂系统的最优政策相一致。除此之外，本节利用 Vensim 软件中的模型检验功能，全面地分析检验模型的结构、方程及变量，并且都通过了语法检验和单位检验。

7.3.2　运行检验

一般情境下，对系统产生影响的因素是多方面且复杂的，例如，系统所处的内部环境和外部环境、系统各个因素之间的作用机制、系统有关因素的自身滞后性等都会对系统整体产生或多或少的影响。但实际上系统本身是一个复杂的整体，由各个子系统有机组成，各个系统相互作用、相互联系使其本身具有一定的稳定性。在本书基于数字经济影响环境质量的系统性动态模型中，构建的仿真模型也由此具有相对的稳定性。本节利用 Vensim 软件进行时间节点筛选，选定年度时间间隔为 D = 1，D = 0.5，D = 0.25 三种步长，依次对一年、半年、一季度进行仿真模拟试验，检验关键指标的仿真结果。若各时间阶段的指标对应的仿真结果存在较大差距，则表示该仿真模型不具备相应的稳定性。鉴于指标数量过多，依次从各子系统中选取从业人员数、COD 排放量、第一产业占比和第二产业能耗强度作为代表性变量进行观测。试验结果如图 7 - 4 所示。主要指标未出现较大波动，并处于持续平稳的状态，系统从整体上来看具备一定的稳定性。由于模型模拟的各时间阶段曲线以及对应数值均呈现出基本一致的趋势，这表明本书构建的模型在模拟试验中划分步长对试验结果影响不大，系统整体运行基本符合现实的系统情况。

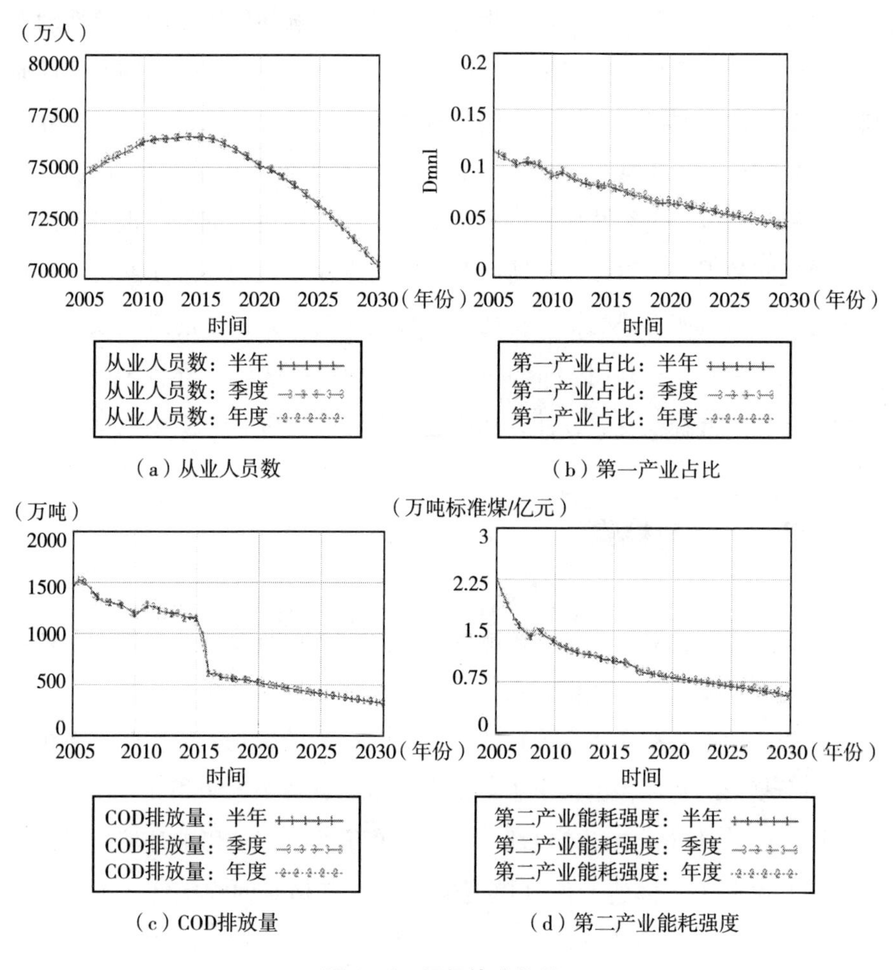

（a）从业人员数

（b）第一产业占比

（c）COD排放量

（d）第二产业能耗强度

图7－4　运行检验结果

7.3.3　历史性检验

历史性检验在某种程度上能够真实地描述现实系统，通过利用模拟结果与实际系统的真实差距来判断二者之间的拟合度，以此对二者的差距进行持续性的修正，使其不断贴合现实系统。历史性检验的主要目的是比较仿真结果与历史数据之间的差距，以此来确定仿真模型是否具有有效性。刘（Liu，2015）和郭玲玲（2017）等学者指出一般误差平均值在±10%～

±20%以内浮动符合要求；±10%以内，表示拟合度较好；±5%以内表明拟合度很好。各指标的误差值的计算公式如下所示：

$$ER_t = \frac{(SD_t - AD_t)}{AD_t} \tag{7-9}$$

式（7-9）中，ER_t 表示指标误差值；SD_t 表示指标的模拟数据；AD_t 表示指标的真实数据。

在模拟历史性检验之前，需要对相关变量进行筛选，筛选出关键或具有代表性的变量作为本历史性检验指标。本节选择经济、能源、人口、科技和环境五个子系统中的关键变量进行检验研究，依次为生产总值、固定资产投资、能源消费总量、生活能耗、从业人员数、第三产业从业人员数、R&D资本存量、科技创新、COD排放量和公园绿地面积。将2005～2019年作为历史性检验范畴，仿真数据与历史数据相对误差如表7-3～表7-7所示。检验结果显示，数字经济对环境质量影响的模型初值条件下模拟数据与历史数据误差普遍在10%以内，只有2005年的生产总值和能源消费量，以及2014年和2019年的固定资产投资数据模拟的总值的相对误差存在稍高于10%的差异。这种差异的产生是可以接受的，由于对系统产生影响的因素来自多方面，且系统本身就附带多种可变因素，例如，内部环境和外部环境中的各种因素，致使系统数据在某个时间节点出现较大波动。如果利用回归分析方法表达变量关系，仿真模型就会不可避免出现个别的误差现象。本节的研究检验结果表明，构建基于数字经济影响环境质量的系统性动态模型与现实系统发展趋势具有一致性、真实性和有效性，满足构建模型的原则及要求，模型拟合度较高，可以真实、准确地反映现实系统。

表7-3　　经济子系统历史检验结果

年份	生产总值（亿元）		相对误差（%）	固定资产投资（亿元）		相对误差（%）
	仿真值	历史值		仿真值	历史值	
2005	206160	187318.9	10.058	73933.7	68513.84	7.911
2006	232225	219438.5	5.827	87980.8	82830.49	6.218
2007	265690	270092.3	-1.630	106639	101211.6	5.362
2008	298535	319244.6	-6.487	125488	124433.6	0.847

续表

年份	生产总值（亿元）		相对误差（%）	固定资产投资（亿元）		相对误差（%）
	仿真值	历史值		仿真值	历史值	
2009	352085	348517.7	1.024	157063	156933.3	0.083
2010	404107	412119.3	-1.944	188439	189964.2	-0.803
2011	451325	487940.2	-7.504	217305	229693	-5.393
2012	513704	538580	-4.619	255774	271843.2	-5.911
2013	573042	592963.2	-3.360	292532	318771.6	-8.231
2014	623939	643563.1	-3.049	324077	362881.1	-10.693
2015	680206	688858.2	-1.256	358885	395517.9	-9.262
2016	764626	746395.1	2.443	410834	424398.6	-3.196
2017	855712	832035.9	2.846	466346	451729.3	3.236
2018	932409	919281.1	1.428	512552	478460.4	7.125
2019	1012590	986515.2	2.643	560276	504212.3	11.119

表7-4　人口子系统历史检验结果

年份	从业人员（万人）		相对误差（%）	第三产业从业人数（万人）		相对误差（%）
	仿真值	历史值		仿真值	历史值	
2005	74648.6	74647	0.002	23439.7	23439	0.003
2006	74977.9	74978	0.000	24142.9	24143	0.000
2007	75326.7	75321	0.008	24405.9	24404	0.008
2008	75564.3	75564	0.000	25087.4	25087	0.002
2009	75826.3	75828	-0.002	25856.8	25857	-0.001
2010	76110.1	76105	0.007	26334.1	26332	0.008
2011	76200.6	76196	0.006	27188.4	27185	0.013
2012	76252.2	76254	-0.002	27488.9	27493	-0.015
2013	76306.8	76301	0.008	29324.7	29321	0.013
2014	76352.2	76349	0.004	30922.7	30920	0.009
2015	76314.5	76320	-0.007	32258.1	32258	0.000
2016	76243.4	76245	-0.002	33043.9	33042	0.006
2017	76054	76058	-0.005	33996.1	34001	-0.014
2018	75779.7	75782	-0.003	34911.7	34911	0.002
2019	75453.4	75447	0.008	35561.2	35561	0.001

表7-5　　能源子系统历史检验结果

年份	能源消费总量（万吨标准煤）		相对误差（%）	生活能耗（万吨标准煤）		相对误差（%）
	仿真值	历史值		仿真值	历史值	
2005	292251	261369	11.815	26373	27573	-4.352
2006	308657	286467	7.746	28680	27765.16	3.295
2007	313411	311442	0.632	31307.5	30813.9	1.602
2008	297885	320611	-7.088	33612.4	31898.32	5.374
2009	338159	336126	0.605	36873.1	35173	4.834
2010	350049	360648	-2.939	39635.1	36470	8.679
2011	361706	387043	-6.546	41919.7	39584	5.901
2012	376207	402138	-6.448	44636	42306	5.507
2013	396384	416913	-4.924	46949.2	45531	3.115
2014	406963	428334	-4.989	48828.7	47211	3.427
2015	430450	434112.8	-0.844	50702	50461	0.478
2016	457858	441491.8	3.707	53263	54336	-1.975
2017	462598	455826.9	1.485	55731.5	57459	-3.006
2018	486481	471925.1	3.084	57613.8	60436	-4.670
2019	499964	487488	2.559	59423.2	61709	-3.704

表7-6　　科技子系统历史检验结果

年份	R&D资本存量（亿元）		相对误差（%）	科技创新（项）		相对误差（%）
	仿真值	历史值		仿真值	历史值	
2005	1741	1741.033	-0.002	451023	476264	-5.300
2006	2011.21	1981.489	1.500	561133	573178	-2.101
2007	2316.73	2260.423	2.491	697799	693917	0.559
2008	2675.31	2581.323	3.641	857540	828328	3.527
2009	3078.65	3051.524	0.889	1065560	976686	9.100
2010	3584.91	3579.202	0.159	1318440	1222286	7.867
2011	4176.91	4168.031	0.213	1607450	1633347	-1.586
2012	4829.07	4979.6	-3.023	1946870	2050649	-5.061
2013	5583.08	5798.403	-3.713	2336260	2377061	-1.716
2014	6416.66	6624.37	-3.136	2567440	2361243	8.733
2015	7292.42	7581.063	-3.807	2895740	2798500	3.475
2016	8223.61	8524.778	-3.533	3278490	3464824	-5.378
2017	9298.83	9505.443	-2.174	3681450	3697845	-0.443
2018	10523.2	10545.74	-0.214	4074370	4323112	-5.754
2019	11828.3	11664.13	1.407	4474850	4380468	2.155

表 7-7　　环境子系统历史检验结果

年份	COD 排放量（万吨）		相对误差（%）	公园绿地面积（万公顷）		相对误差（%）
	仿真值	历史值		仿真值	历史值	
2005	1457.17	1414.1	3.046	28.38	28.38	0.000
2006	1498.42	1428.2	4.917	31.2085	30.95	0.835
2007	1353.49	1381.9	-2.056	33.6637	33.27	1.183
2008	1295.22	1320.7	-1.929	36.3	35.95	0.974
2009	1272.05	1277.6	-0.434	40.2369	40.16	0.191
2010	1193.14	1238.1	-3.631	44.2475	44.13	0.266
2011	1277.72	1293.6	-1.228	48.2972	48.26	0.077
2012	1222.83	1251.2	-2.267	51.5531	51.78	-0.438
2013	1190.35	1209.3	-1.567	54.3764	54.74	-0.664
2014	1147.87	1175.8	-2.375	57.2176	57.68	-0.802
2015	1142.63	1140.4	0.196	60.8339	61.41	-0.938
2016	608.264	596.3	2.006	64.7342	65.36	-0.957
2017	577.909	574.8	0.541	68.2992	68.84	-0.786
2018	564.468	558.2	1.123	71.9297	72.37	-0.608
2019	550.388	547.1104	0.599	75.2464	75.64	-0.520

7.3.4 敏感性检验

敏感性检验是一种用来评价和预测仿真模型的方法，在筛选出控制量与观测量前提下，利用修正控制量的数值对相对界限内的观测量的变化进行监测，以此推断相关数值是否具有敏感性以及敏感程度，换句话说，敏感性检验是检验敏感性图形发生变化的程度（Forrester，1997）。一般情况下，如果观测量在敏感性图形中呈现出左右两侧扩散的变化趋势微弱或几乎没有，则表示观测量与控制量变化不存在敏感关系。相反，则有一定的敏感性。值得注意的是，敏感性检验中的控制量是政策分析的关键突破口。进行敏感性检验的优点有以下四点。一是分析、检测仿真模型中存在的潜在错误，以便及时修正和调整；二是有助于准确地把握输入和输出之间的关系；三是及时发现一些具有不确定性的影响因素，检测系统仿真结果的稳定性；四是为政策分析提供支撑（Pruyt，2013）。基于此，利用敏感性检验方法来判断数字经济影响环境质量的系统性动态模型是否具备可行性和可信度是十分必要的。

本书通过 Vensim 软件中的 DSS 功能进行敏感性检验，一般称这种检验方法为蒙特卡洛模拟。它可以进行单变量和多变量敏感性分析，还可以对多指标实施敏感性分析研究。在本书模型中，分别选取测试数字经济增长率、人口自然增长率、非化石能源消耗占比这三个参数在 ±15% 变动时，对目标变量值的影响。目标变量具体为第二产业能耗强度、人均公园绿地面积、COD 排放量、SO_2 排放量等。敏感性检验方案如表 7－8 所示。

表 7－8　　　　敏感性分析参数表

观测量（1）	观测量（2）	观测量（3）	模拟次数	噪声种子
第二产业能耗强度	第二产业能耗强度	原油消耗	200	1234
人均公园绿地面积	人均公园绿地面积	CO_2 排放量		
COD 排放量	COD 排放量	CO_2 经济损失		
SO_2 排放量	SO_2 排放量			
控制量（1）	控制量（2）	控制量（3）	分布类型	变化幅度
数字经济增长率	人口自然增长率	非化石能源消耗占比	RANDOM_UNIFORM	－15% ~15%

从图 7－5 可以看出数字经济增长率变动下，第二产业能耗强度、人均公园绿地面积、SO_2 排放量和 COD 排放量在一个 200 次模拟仿真中的 50%、75%、95%、100% 的置信区间。置信区间的大小反映这些指标变化范围的大小，一般情况下，置信区间数值越大，则说明指标的波动幅度越大，对变量的敏感程度越高。根据敏感性分析结果得出，不同参数设定下变量的模拟数值波动幅度基本相同且敏感度都在基准值的范围左右浮动，和选定参数的变化趋势相同，表示该模型系统结构具有相对稳定性。

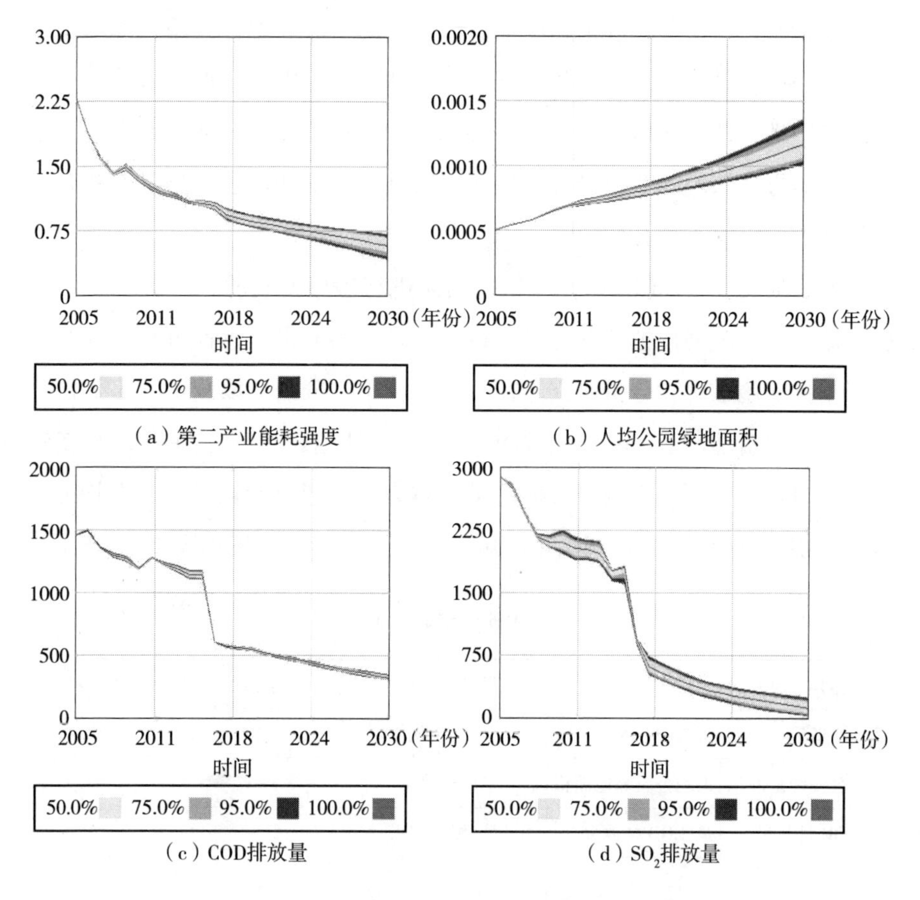

（a）第二产业能耗强度

（b）人均公园绿地面积

（c）COD排放量

（d）SO_2排放量

图 7－5　控制数字经济增长率的敏感性检验结果

可以发现，数字经济增长率的变动，对第二产业能耗强度、人均公园绿地面积、SO_2 排放量和 COD 排放量在数值上均有一定的影响。COD 排放量、SO_2 排放量对数字经济增长率具有较小的弹性，敏感性较弱。这是因为数字经济增长率对污染物排放影响是间接地通过产业发展、科技创新、能耗强度、能源消费等进行多途径影响。

图 7－6 展示了人口自然增长率变动下第二产业能耗强度、人均公园绿地面积、SO_2 排放量和 COD 排放量的敏感性分析情况和仿真轨迹。可以发现，人口增长率的变动，对第二产业能耗强度、人均公园绿地面积、SO_2 排放量和 COD 排放量在数值上均有一定的影响，但影响都非常小，敏感性较弱。

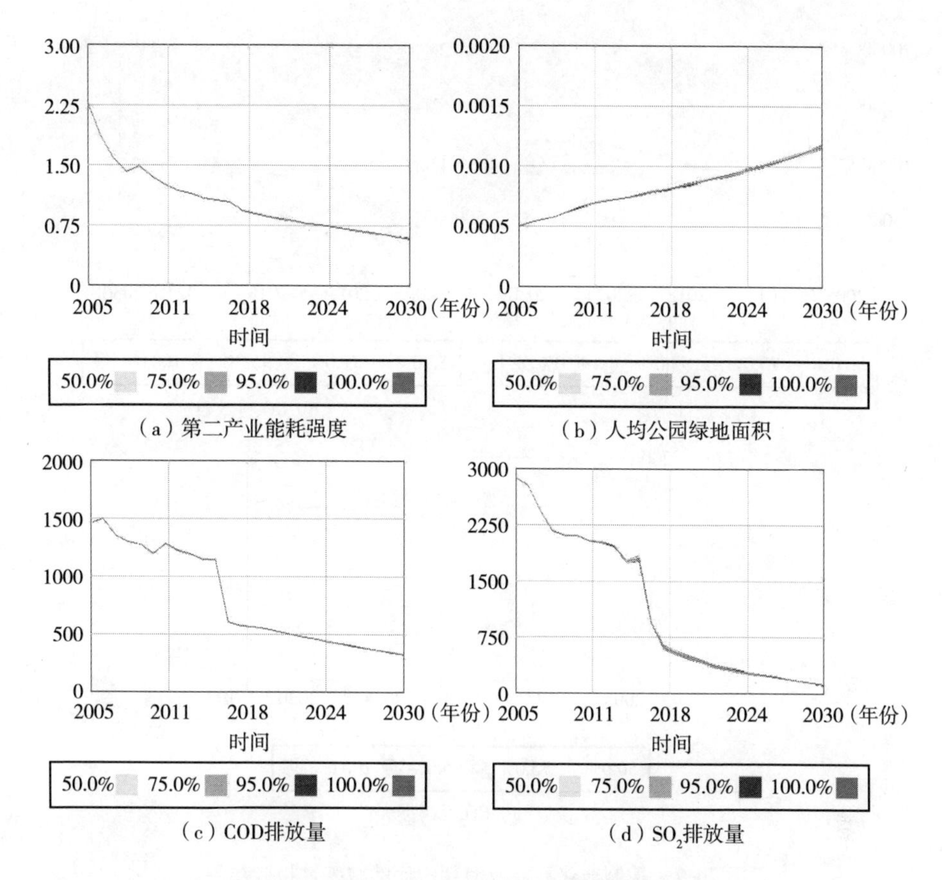

（a）第二产业能耗强度

（b）人均公园绿地面积

（c）COD排放量

（d）SO_2排放量

图7－6　控制人口自然增长率的敏感性检验结果

图7－7展示了非化石能源消耗占比变动下原油消耗、CO_2 经济损失和 CO_2 排放量的敏感性分析情况和仿真轨迹。可以发现，非化石能源消耗占比变动时，对原油消耗的敏感度强于 CO_2 排放量，这主要是因为在煤炭消耗占比、天然气消耗占比不变动时，非化石能源消耗占比会对原油消耗产生直接影响。

综上所述，数字经济增长率、人口自然增长率和非化石能源消耗占比这三个变量在±15%范围内变动时，作为目标变量的第二产业能耗强度、人均公园绿地面积、SO_2 排放量、CO_2 排放量和原油消耗等几类指标的分析结果变化不大，未显示出较大波动。检验结果表明即使对上述常数参数值进行调整，目标变量会随之发生变化，但波动幅度不足以影响到系统行

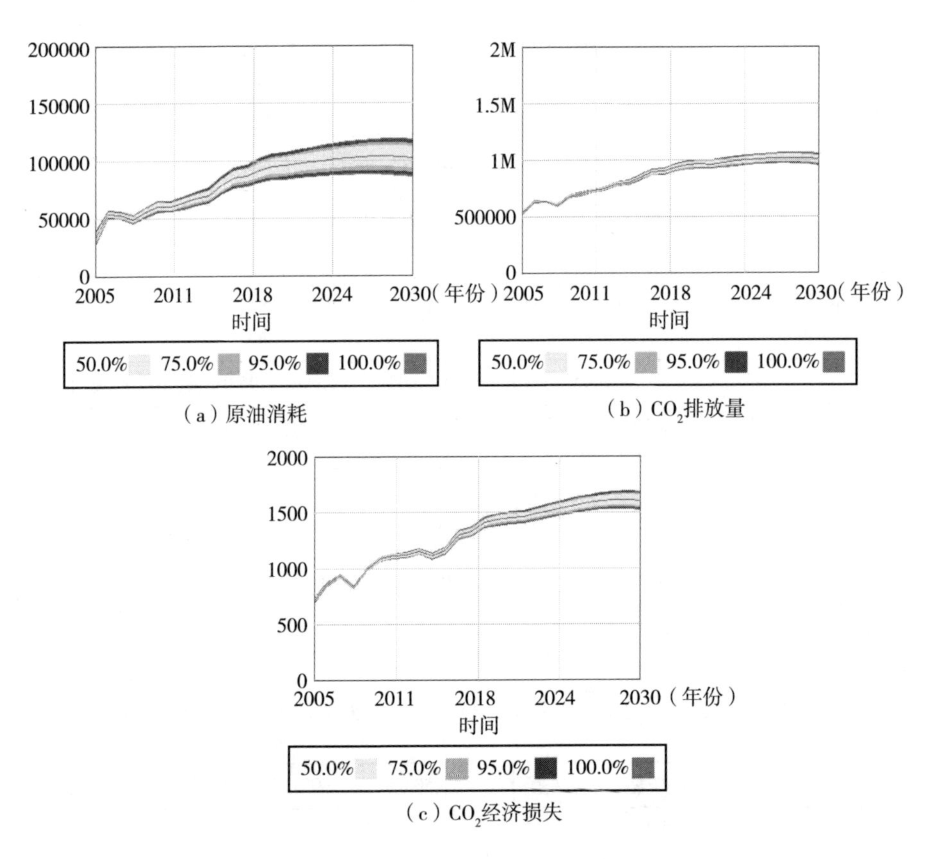

图7－7　控制非化石能源消耗占比的敏感性检验结果

为的变化，仿真结果仍旧具有有效性和可信度。因此，可以推断模型和相关参数的敏感程度低，而系统模型则处于较优的稳定状态，仿真模型具有一定的稳定性和可信度，适合开展模拟分析。

7.4 数字经济对环境质量影响的情景模拟和减排路径解析

本章的主要目标是促进数字经济发展和提升环境质量，根本需求是获取节能减排的重要路径。依据前文构建仿真模型的关键内容，本节深入剖析数字经济影响环境质量的系统性动态模型的主要架构以及各子系统间相互作用关系，研究数字经济影响环境质量的动态反馈机制和发展趋势。本节以数字经济为核心，筛选和设定关键变量，重点探讨在不同情景下对优化环境质量的政策进行描述和预估所获取的相关可能性方案，以期推动本书研究更具科学合理性。

7.4.1　情景方案设定

7.4.1.1　调节参数选取

本节需要明确的是数字经济对环境质量影响的系统重点在于推动节能减排。通常情况下，系统的构成具有诸多不确定性，系统本身就是一个复杂多变的整体。主系统由各个子系统有机组成，各个子系统相互作用、相互制约，对系统产生影响的因素是多方面且复杂的。由于影响因素过多，无法做到全数罗列，需要筛选主要因素来展开问题探讨，利用定性与定量分析相结合的方法明确研究方向。本节以数字经济发展作为确定参数基本依据，选择数字经济增长率、R&D 资本增量、R&D 人员全时当量、第三产业固定资产投资比和三产从业人员数占比等具有代表性的参数，在数字经济对环境质量影响的系统中利用情景分析法，构建不同情景驱动场景，在维持相关因子不变的前提下，对关键因子的参数进行修正，以此驱动模型运转，深入识别不同情景下数字经济影响环境质量的系统性动态演进结果及系统行为发展，由此获取改善环境质量最优途径。鉴于现有的状态无法改变，所以本节将关键因子的参数调整为以 2020 年为初始点。

7.4.1.2　情景设置

依照不同情景下模型的发展情况及特征来调整参数，识别观测变量模拟变化趋势，选定最佳情景模式下的发展状况，根据现实变化情景制定策略。研究路径情景与相关解释具体如下。

（1）基准情景：自然演进型发展情景。自然演进型发展情景的特点是不采用任何人工手段使其符合自然发展规律特征演变的情景模式。具体表现为所有事物均依据现有变化趋势发展，不仅不强调经济发展速度的快慢，也不针对环境、科技进行参数适应性调节，各子系统的发展均与当前变化速度保持一致，由此推测我国数字经济和环境质量未来的变化趋势。在模型参数选取方面，相关参数的设定主要依据变量历史数据（2005～2019年）建立的线性和非线性回归模型展开分析，情景制定按照现有趋势发展，不实行人工干预手段，并将此情景行为设定模式作为其他情景下参数调整的基本标准。

（2）核心情景：数字经济发展导向型情景。将发展数字经济作为主要调节途径，研究扩大数字经济规模要素对系统未来变化趋势的影响，其他参数与基准情景保持一致。中国（深圳）综合开发研究院发布的《中国数字化之路报告》指出："十四五"期间，我国的数字经济的整体平均年名义增长率为15%。该方案预测的年均增速要比数字经济蓝皮书预测的增速高3.7%。因此，在数字经济发展导向型情景下，将两种预测增速的中位数13.2%设定为中等速度增长情景。将中国（深圳）综合开发研究院预测的15%的增速定为高等速度增长情景。[①]

（3）辅助情景：①科技创新导向型情景。以推动科技创新为发展方式，研究科技创新要素发展对系统动态演化的影响。科技创新是提高能耗强度，降低能源消耗总量和污染排放的主要手段之一。由于科技创新要素受R&D人员全时当量和R&D资本存量直接影响，而数字经济的发展会影响R&D资本增量以及R&D人员全时当量。因此，在其他参数不变的情况下，将中等情景设定为R&D资本增量和R&D人员全时当量提高5%；将高等情景设定为R&D资本增量和R&D人员全时当量提高7.5%。②产业结构升级导向型情景。以推动产业结构升级为发展方式，研究产业结构升级对系统动态演化的影响。在系统动力学模型中，产业结构升级主要受到第三产业产值的直接影响，而第三产业产值则受到固定资产投资和从业人数的直接影响。因此，在其他参数不变的情况下，将中等情景设定为第三产业固定资产投资比和第三产业从业人数占比提高5%，将高等情景设定为第三产业固定资产投资比和第三产业从业人数占比提高7.5%。

---

① 《中国数字化之路报告》发布［EB/OL］. 光明网，2020－11－04.

（4）综合情景：要素协同导向型情景。改善环境质量需要多项调控措施共同开展，综合情景强调多方要素投入相互协作、共同发展，重点考察政策组合模式下产生的效果。即以提升数字经济增长为核心，辅助以科技创新和产业结构。具体来说：在其他参数不变的情况下，将中等情景设定为数字经济增长率为13.2%，R&D资本增量和R&D人员全时当量比提高5%，第三产业固定资产投资比和第三产业从业人数占比提高5%。高等情景设定数字经济增长率为15%，R&D资本增量和R&D人员全时当量提高7.5%，第三产业固定资产投资比和第三产业从业人数占比提高7.5%。

7.4.2　不同情景下的系统模拟分析

根据上文设计的不同情景，本节运用Vensim Dss软件对我国数字经济影响环境质量的不同情景下的系统性动态演进进行仿真模拟，通过考察数字经济增长率、R&D资本增量、R&D人员全时当量、第三产业固定资产投资比和第三产业从业人数占比的动态变化，对不同情景下的系统动态变化趋势进行分析，为数字经济与环境质量的动态发展提供合理有效的决策依据。

7.4.2.1　数字经济发展导向型情景下系统模拟分析

由图7-8可知，我国数字经济的规模呈现出指数式增长的特性，这种增长特性来源于我国强大的数据用户群体。互联网的迅猛发展、用户群体的海量涌现为数字社会的发展与进步提供了坚实的数据基础，同时该情景下产生的大量数据资源也成为推动数字经济发展的重要支撑。梅特卡夫法则揭示了信息网络扩张效应的内涵，具体表示为网络的实际价值跟随互联网平台用户数量的扩充而增加。互联网的快速发展带动网络用户数量的激增，促使数字化产业迅猛崛起，极大地推动企业数字化转型，为数字经济发展提供契机。数字经济发展中有关要素投入领域严格依照边际成本递减规律，在要素产出领域严格依照价值不确定性和边际效应递增规律，并可用较低边际成本来扩充市场（乔海曙和吕慧敏，2014），按照这种模式进行连续反馈和循环，以此推动数字经济呈现指数式增长。

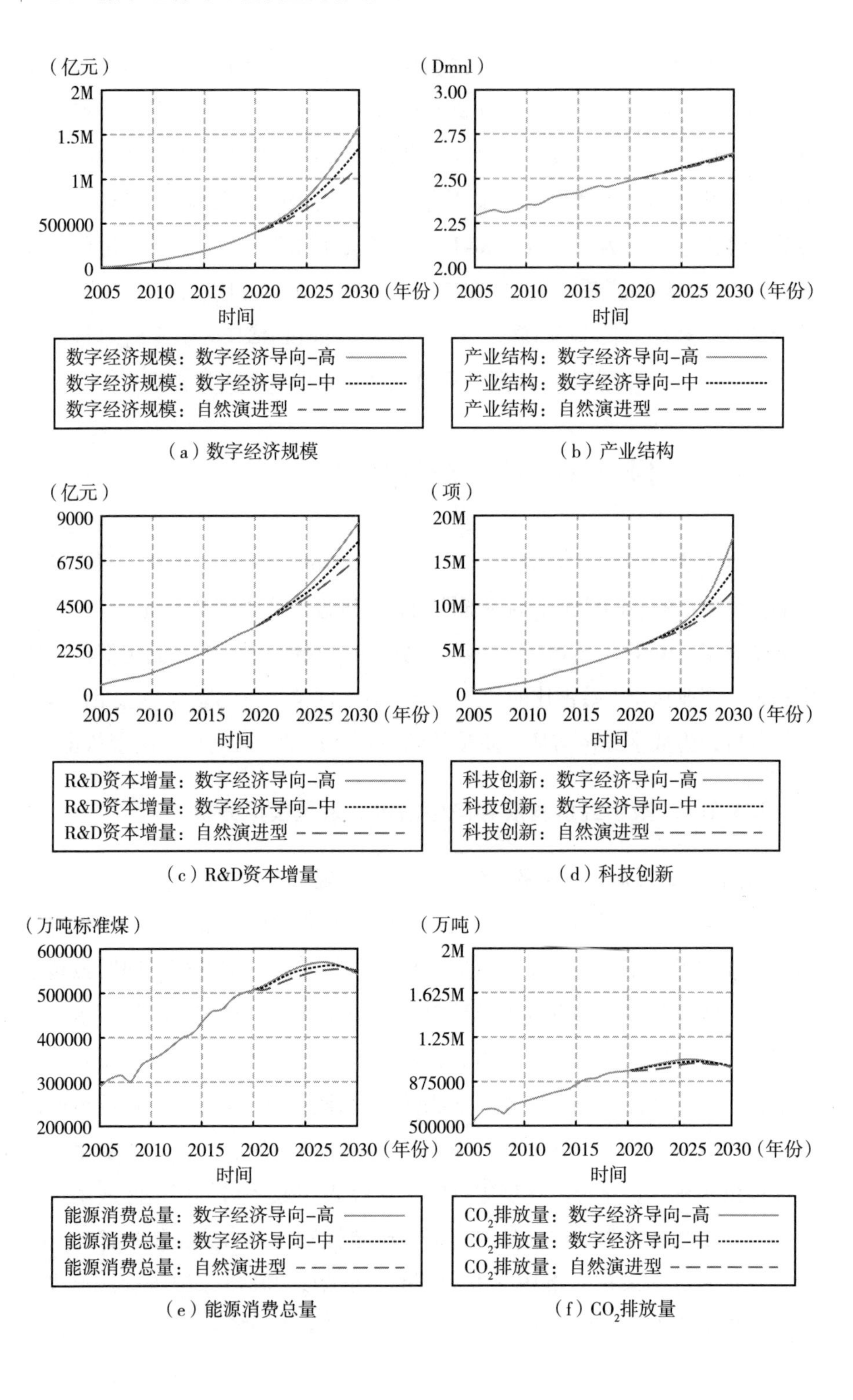

（a）数字经济规模　（b）产业结构

（c）R&D资本增量　（d）科技创新

（e）能源消费总量　（f）CO_2排放量

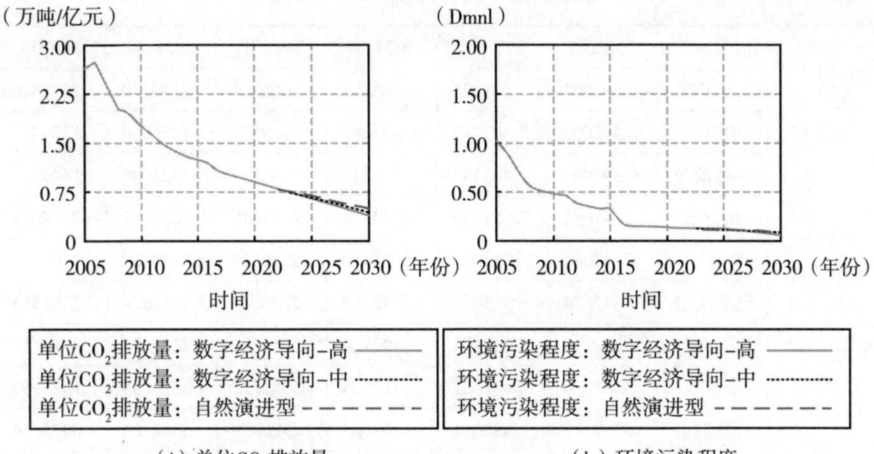

（j）单位CO_2排放量　　　　（h）环境污染程度

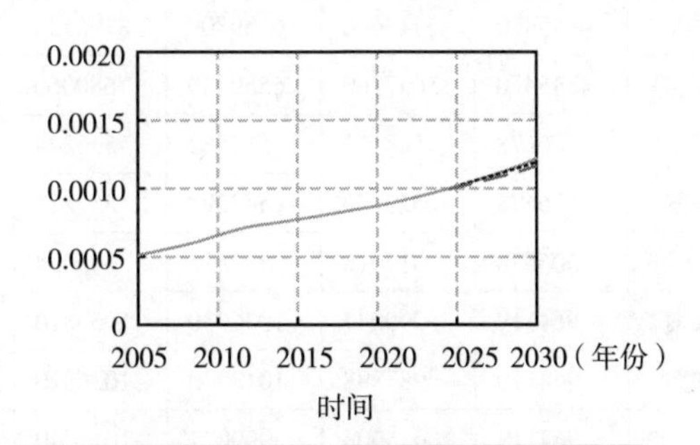

（i）人均公园绿地面积

图7-8　数字经济导向型模拟

由表7-9可知，如果按基准演进的方式，数字经济规模在2025年突破65万亿元，2030年有望突破百万亿元。按照中方案增速，数字经济规模在2025年能够突破72万亿元，2030年有望突破135万亿元。按照高方案增速，数字经济规模在2025年能够突破78万亿元，2030年有望突破150万亿元。

表 7-9 核心情景下的仿真模拟结果比较

变量	情景设定	2020 年	2022 年	2024 年	2026 年	2028 年	2030 年
数字经济规模（亿元）	高方案	392001	518421	685611	906721	1199140	1585860
	中方案	392001	502319	643683	824831	1056960	1354410
	自然演进	392001	485598	601544	745174	923098	1143510
产业结构（Dmnl）	高方案	2.47684	2.51266	2.54331	2.57519	2.60782	2.64078
	中方案	2.47684	2.51054	2.53883	2.56819	2.59828	2.62877
	自然演进	2.47684	2.5083	2.53409	2.56083	2.58824	2.61613
R&D 资本增量（亿元）	高方案	3362.16	4067.74	4921.4	5954.21	7203.76	8715.54
	中方案	3362.16	3981.21	4714.23	5582.22	6610.03	7827.07
	自然演进	3362.16	3890.4	4501.63	5208.9	6027.29	6974.26
科技创新（项）	高方案	4845470	5768210	6967510	8779330	11897000	17808300
	中方案	4845470	5713650	6759800	8196130	10411500	14159100
	自然演进	4845470	5657260	6559340	7680060	9219870	11524700
能源消费总量（万吨标准煤）	高方案	506678	528151	552582	566344	563227	539836
	中方案	506678	522256	543097	557213	560011	547873
	自然演进	506678	515918	532511	545614	552076	548953
CO_2 排放量（万吨）	高方案	964119	999047	1036730	1053810	1039320	987823
	中方案	964119	987897	1018940	1036820	1033380	1002530
	自然演进	964119	975908	999077	1015240	1018740	1004510
单位 CO_2 排放量（万吨/亿元）	高方案	0.90164	0.78826	0.69013	0.59184	0.49246	0.39490
	中方案	0.90164	0.79456	0.70482	0.61680	0.52871	0.44113
	自然演进	0.90164	0.80124	0.72012	0.64244	0.56595	0.48992
环境污染程度（Dmnl）	高方案	0.13461	0.12802	0.12439	0.11371	0.09213	0.05831
	中方案	0.13461	0.12437	0.11937	0.11040	0.09421	0.06884
	自然演进	0.13461	0.12042	0.11357	0.10539	0.09325	0.07518
人均公园绿地面积（公顷/人）	高方案	0.00088	0.00093	0.00098	0.00105	0.00113	0.00122
	中方案	0.00088	0.00093	0.00098	0.00104	0.00111	0.00119
	自然演进	0.00088	0.00093	0.00098	0.00103	0.00110	0.00117

数字经济的发展推动了产业结构升级，如果按基准演进的方式，产业结构指数在 2025 年为 2.54736，2030 年为 2.61613。按照高方案增速，产业结构在 2025 年为 2.55913，2030 年为 2.64078。值得注意的是在不同的

数字经济发展增速下，其对产业结构升级的影响没有显示出很大的差异，而是展现出平稳式推动。这是因为数字经济的发展是以推动产业数字化和数字产业化为主，数字经济在推动数字产业化，助力第三产业创新发展的同时，赋能农业、工业和制造业，促进工业互联网、智能制造、智慧农业等快速发展，为第一、第二和第三产业相互协作、共同发展打下坚实基础。数字经济白皮书显示我国数字经济领域下的各个相关产业数字化比重持续增加，而数字产业化的总量比重逐年递减，产业数字化逐渐成为各个领域发展的重点。

数字经济发展的关键途径在于积累优秀的人力资源和达到规模经济效益的最优水平（金环和于立宏，2021），为资金配备效率和创新能力水平的提升提供重要支撑，推动R&D资本增量的增加和R&D从业人员的增加，进而实现了科技创新。在自然演进型情景下，随着数字经济的发展，R&D资本增量从2020年的3362.16亿元增长至2025年的4842.37亿元，年增长率为7.569%，符合我国"十四五"规划所提出的全社会研发投入经费增长大于7%的目标。在中、高方案下，R&D资本增量也在不断提升，并且随着模拟时间的发展，R&D增量的变化趋势也越来越明显。在2025年时，中等情景的科技创新比自然演进型情景高出了4.637%，高等情景的科技创新则比中等情景高出4.787%。在2030年则进一步上升，为22.85%和25.773%。可以发现，随着模拟时间的演进，不同数字经济增速方案的科技创新的差距也逐渐拉大，这是由于R&D资本存量具有累积效应，数字经济推动了R&D人员增加以及R&D资本存量的进一步积累，使得数字经济的发展对科技创新的作用力越来越强。

在自然演进型情景下，能源消费于2028年达到峰值，为552076万吨标准煤，到2030年降低至548953万吨标准煤；能源CO_2排放则于2027年达到峰值，为1018920万吨，到2030年降低至1004510万吨。在中方案数字经济增速情景下，能源消费于2027年达到峰值，为560300万吨标准煤，到2030年降低至547873万吨标准煤；能源CO_2排放则于2027年达到峰值，为1038240万吨，到2030年降低至1002530万吨。在高方案数字经济增速情景下，能源消费于2027年达到峰值，为539836万吨标准煤，到

2030 年降低至 547873 万吨标准煤；能源 CO_2 排放则于 2026 年达到峰值，为 1053810 万吨，到 2030 年降低至 987823 万吨。可以发现，其规律是数字经济在发展前期导致了更多的能源消费和 CO_2 排放，但其能够推动能源消费和 CO_2 排放更早地达到峰值，并且在达到峰值后，其能更快地推动能源消费和 CO_2 排放的降低。这和前期的研究成果相一致。首先，数字经济的繁荣发展伴随着信息技术设备的大量使用，而信息技术设备使用过程中需要利用大量的电力；其次，数字经济推动了生产规模的扩大，从而导致了更多的能源消耗。这两方面致使数字经济和实体经济融合所带来的规模效应超过了产业结构升级和科技创新的驱动力，并占据了经济发展影响能源消耗和二氧化碳排放的主导地位，导致了能源消耗和二氧化碳排放的增加，使得前期数字经济的发展会带来更多的能源消耗和 CO_2 排放。但伴随着数字经济发展规模的不断扩大，产业结构效应和科技创新效应逐渐占据主导，数字化企业以更高的效率和速度进行科技创新的同时，促进企业的要素配置优化升级，推动了产业结构的优化和升级，从而更快地实现能源节约和 CO_2 排放降低。

在自然演进型情景中，单位生产总值 CO_2 排放量在 2021 年为 0. 844363 万吨/亿元，2025 年则为 0. 681023 万吨/亿元，单位生产总值 CO_2 排放量降低 19. 345%，符合我国“十四五”规划所提出的单位生产总值二氧化碳排放量降低 18% 的目标。而按照中、高等数字经济增速方案，单位生产总值 CO_2 排放量有望降低 21. 461% 和 23. 531%，数字经济驱动的单位产值减排效果更加明显。

在自然演进型情景中，环境污染程度呈不断下降的趋势。而在中高方案的数字经济导向情景下，前期的环境污染下降速度比自然演进型情景的环境污染下降速度慢，而在后期下降速度加快，并低于自然演进型情景的污染程度。在 2030 年中高方案的环境污染程度比自然演进型低 0. 00634 和 0. 01687。

总体来看，绿水青山就是金山银山，绿色生态是美好生活的底色。数字经济发展的作用力越强，环境污染程度下降得就越快，区域人均绿地面积的增加量也就越多，实现了经济发展与环境质量的协同，数字经济的发展与人民对美好生活的需求能够有效衔接。

7.4.2.2　产业结构升级和科技创新导向型情景下系统模拟分析

由表7－10和图7－9可知，无论是通过提升产业结构水平还是科技创新水平都能够有效促进 CO_2 排放量的减少和环境污染的降低。值得注意的是，在同一方案水平下，科技创新在前期的减排作用较大。在高方案的情景下，产业结构升级导向型的 CO_2 排放量比科技创新导向型的 CO_2 排放量高50101万吨，环境污染程度则高0.01。但随着模拟时间的前进，科技创新的减排作用逐渐降低，产业结构升级的减排作用则随着时间的推移逐渐增强，到2030年两种情景下的 CO_2 排放量只相差9928万吨，环境污染程度则只相差0.001。这是由于当前的污染排放强度还处于较高水平，科技创新能够推动污染排放强度的快速降低。而随着污染排放的进一步降低，单位科技创新量对污染排放强度的驱动力逐渐趋于平缓。而当前的产业结构还处于较低水平，随着产业结构的升级，其减排作用会逐渐凸显出来。

表7－10　　辅助情景和综合情景下的仿真模拟结果比较

变量	驱动力	情景设定	2020年	2022年	2024年	2026年	2028年	2030年
能源消费总量（万吨标准煤）	科技创新	高方案	485871	491874	506161	517876	523795	521009
		中方案	492515	499545	514554	526700	532786	529890
	产业结构升级	高方案	512201	515607	527464	535165	535703	526435
		中方案	510525	516252	529993	539839	542723	535881
	要素协同	高方案	491221	503086	519939	526941	518506	491969
		中方案	496277	505968	522203	532101	531268	516434
	基准	自然演进	506678	515918	532511	545614	552076	548953
CO_2 排放量（万吨）	科技创新	高方案	924530	930426	949643	963629	966555	953369
		中方案	937171	944937	965390	980050	983146	969620
	产业结构升级	高方案	938357	944411	962960	973856	971737	951960
		中方案	947846	955996	976288	989177	989191	971530
	要素协同	高方案	934706	951634	975489	980494	956795	900233
		中方案	944329	957087	979736	990094	980345	945002
	基准	自然演进	964119	975908	999077	1015240	1018740	1004510

续表

变量	驱动力	情景设定	2020 年	2022 年	2024 年	2026 年	2028 年	2030 年
环境污染程度（Dmnl）	科技创新	高方案	0.11118	0.09580	0.08854	0.08074	0.06966	0.05320
		中方案	0.11846	0.10345	0.09632	0.08842	0.07704	0.06011
	产业结构升级	高方案	0.12150	0.10559	0.09741	0.08774	0.07414	0.05482
		中方案	0.12626	0.11098	0.10332	0.09421	0.08118	0.06236
	要素协同	高方案	0.11146	0.09940	0.09247	0.07970	0.05745	0.02440
		中方案	0.11871	0.10517	0.09812	0.08773	0.07081	0.04545
	基准	自然演进	0.13461	0.12042	0.11357	0.10539	0.09325	0.07518

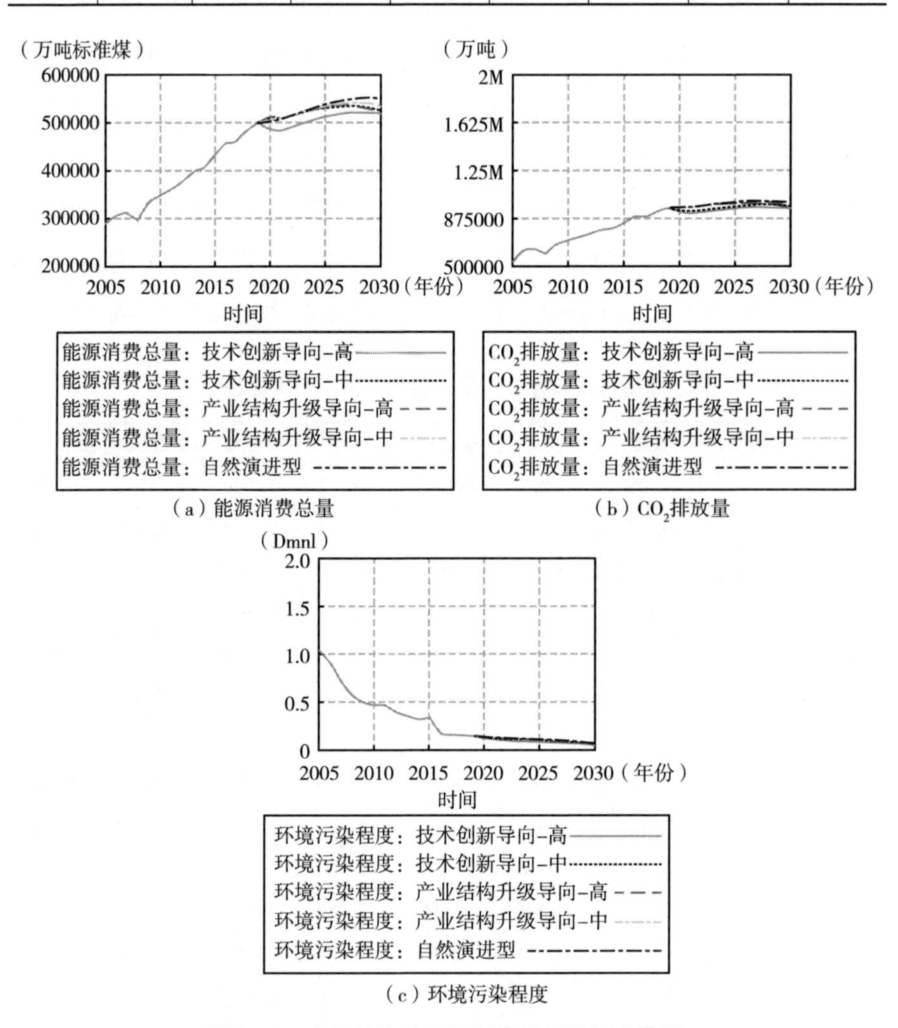

图 7－9　产业结构升级和科技创新导向型模拟

7.4.2.3　要素协同导向型情景下系统模拟分析

数字经济发展导向型情景下，在达到能源消费和 CO_2 排放峰值前，数字经济的规模效应增加了能源消费和 CO_2 排放。而由表 7－10 和图 7－10 可知，在要素协同情景下，推动数字经济发展的同时，进一步提升产业结构水平和科技创新水平能够抵消数字经济的规模效应所导致的能源消费和能源 CO_2 排放的增加，使得其能源消费和能源 CO_2 排放发展趋势线低于自然演进型的发展趋势线。并且在达到峰值后，要素协同情景下的节能减排作用也更加明显。除此以外，要素协同能够促进总体环境污染程度的进一步降低。系统动力学仿真模拟结果表明，从数字经济增长和环境质量改善

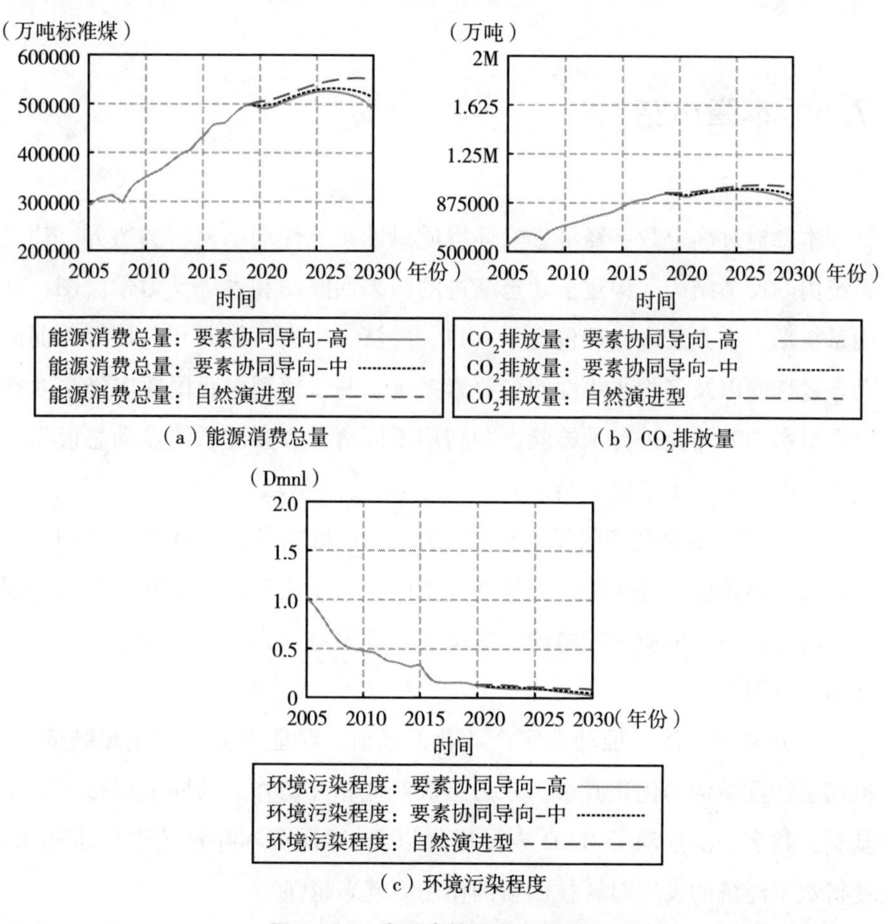

（a）能源消费总量　（b）CO_2排放量

（c）环境污染程度

图 7－10　产要素协同导向型模拟

来看，数字经济 - 产业结构升级 - 科技创新的要素协同导向情景是最优情景。要素协同导向情景也反映了当前存在的问题和未来需要改进的方向，即当前数字经济对产业结构升级和科技创新的驱动力还略显不足，这也使得数字经济对环境质量的改善作用力有限，其节能减排潜力还没有真正凸显出来。因此，未来在继续加快推动数字经济发展的同时，需要更加重视数字经济对产业结构和科技创新的驱动作用，从而提高生产率和资源的使用效率，降低生产过程中的要素投入，推动清洁技术和污染治理技术的革新，降低能耗强度和污染强度，实现产业从低附加值转向高附加值，从高能耗高污染转向低能耗低污染，这样才能更为有效地促进节能减排，实现环境质量的改善，从而推动我国经济的高质量发展。

7.5 本章小结

本章通过确定数字经济影响环境质量的系统性动态模型的边界，建立系统内的反馈结构，构建了动态演进的因果回路图和系统动力学流图，使用系统动力学方法来梳理包含了人口、经济、生态、能源和科技等方面的动态复杂性以及多阶非线性的多要素系统。基于模型对我国数字经济对环境质量影响的路径进行了检验，并利用不同情景方案对系统性动态模型进行仿真模拟，得出了以下结论。

（1）随着数字经济的发展程度加深，SO_2 排放量、COD 排放量和工业固体废弃物排放量等环境污染量逐渐下降，环境质量得到不断提升，实现了经济发展与环境质量的协同，数字经济的发展与人民对美好生活的需求能够有效衔接。

（2）数字经济在推动数字产业化的同时，赋能农业、工业和制造业，推动了产业结构的优化升级，并为三次产业相互协作、共同发展打下坚实基础；数字经济推动了 R&D 人员增加以及 R&D 资本存量的进一步积累，使得数字经济的发展对科技创新的作用力越来越强。

（3）在数字经济发展导向型的自然演进型情景下，能源消费于 2028

年达到峰值，为552076万吨标准煤，到2030年降低至548953万吨标准煤；能源CO_2排放则于2027年达到峰值，为1018920万吨，到2030年降低至1004510万吨。通过提升数字经济增长率会在发展前期导致更多的能源消费和CO_2排放，但其能够推动能源消费和CO_2排放更早地达到峰值，并且在达到峰值后，其能更快地推动能源消耗和CO_2排放的降低。

（4）要素协同情景下，在推动数字经济发展的同时，进一步提升产业结构水平和科技创新水平能够推动环境质量的进一步提升，抵消数字经济的规模效应所导致的能源消费和CO_2排放的增加，使得其能源消费和CO_2排放发展趋势线低于自然演进型的发展趋势线。并且在峰值后，要素协同情景下的节能减排作用也更加明显，总体环境污染程度也进一步降低。

第8章 研究结论与展望

8.1 主要结论

本书在国家大力发展数字经济和全面深化建设资源节约型和环境友好型社会的大环境下，结合数字经济的繁荣发展以及环境质量的实际需要，通过文献调研确定研究主题，撰写理论述评。通过研究国内外数字经济和环境质量领域现状的基础上，确定数字经济对环境质量的影响及其路径机制，并通过实证进行检验。本书的研究结论主要如下。

（1）当前，东、中、西部地区间的数字经济发展呈现两极分化趋向，存在明显的“数字鸿沟”问题，这也意味着中国数字经济的发展呈现出空间不均衡特点。“数字鸿沟”反映了在数字经济发展中，对于信息资源存量、信息技术应用水平和创新能力分布的严重不平等。而对于环境质量而言，环境质量较差的城市主要为东北部和西部地区省份城市。东北老工业基地的原有老工业企业聚集的地区存在大量的污染，并且东北地区资源型城市尤其是资源枯竭型城市的转型较为复杂。西部等欠发达地区产业结构以资源开采加工和原材料供应为主，其次受东部地区工业产业转移影响，导致了更多的环境问题。

（2）基于城市层面的样本数据研究发现，数字经济对环境质量表现出显著正向影响。基于异质性分析得到：数字经济发展对西部地区环境质量的促进作用不明显，而对东部和中部地区的环境质量均具有正向影响，但是其边际效应的大小有所不同，表现为数字经济对东部地区的促进作用更为强劲；数字经济发展能够显著促进大型城市的环境质量，对于中型城市的环境质量促进作用次之，而对小型城市的促进作用不显著；资源型城市的数字经济发展对环境质量的促进作用显著高于非资源型城市；强创新城市的数字经济发展对环境质量的促进作用显著高于弱创新城市；数字经济发展能够显著提升高产业结构城市的环境质量，而对低产业结构城市的环境质量没有显著影响。

（3）数字经济能够通过产业结构升级和科技创新间接影响环境质量。数字经济通过数字产业化和产业数字化改变了传统产业资源与供需模式和价值创造模式，重新定义了产业发展新内涵，开拓了产业发展的新空间，实现了产业结构升级，进而间接影响了环境质量；在开放式创新环境下，数字经济的发展扩展了知识和信息的沟通传播渠道，提升了知识传播效率，推动经济社会知识存量的积累，为区域创新要素和创新主体间提供了对接渠道，有助于社会获取和吸收知识，从而推动科技创新，进而推动环境质量改善。

（4）数字经济发展与环境质量之间的关系呈现出非线性特征，但并不是传统中经济发展与环境假定的EKC倒“U”型关系，而是呈现一种驱动—抑制—驱动的“N”型关系。而其中期的抑制性因素主要是由数字经济驱动生产规模的扩大从而造成的环境问题所引起的，符合经济发展的规模效应对环境质量的负向影响。

（5）数字经济对环境质量的改善作用存在显著的空间溢出效应。数字经济发展可以显著促进本地区环境质量的改善，邻近地区的数字经济发展也有助于提升本地区的环境质量。但基于动态空间杜宾模型的分析发现，空间溢出效应只在短期内存在。在长期效应下，邻近地区的数字经济对本地区环境质量的溢出效应不显著。这也说明了“打铁还需自身硬”，单单依靠其他地区的辐射效应难以进行持续性环境改善，本地区的环境质量必须依靠自身数字经济的发展。

（6）以“宽带中国”为代表的数字经济政策显著促进了城市环境质量，并且能够通过产业结构升级和科技创新间接促进环境质量。“宽带中国”试点政策对西部地区环境质量的促进作用最强，东部地区次之，中部地区则不显著，这间接说明了“宽带中国”战略有利于以破解西部地区数字经济发展困局，弥补东西部地区之间的数字鸿沟，进而使数字经济发展的生态环境红利能够得到充分释放。相较于非资源型城市而言，“宽带中国”试点政策对资源型城市的环境质量促进作用更强。相较于弱创新城市而言，“宽带中国”试点政策对强创新城市环境促进效应更强。“宽带中国”试点政策实施对高产业结构城市的环境促进作用显著，而对于低产业结构城市的促进作用不显著。

（7）基于系统动力学仿真模拟我国数字经济对环境质量的影响。分析发现：随着数字经济发展速度加快，SO_2 排放量、COD 排放量及工业固体废弃物排放量等环境污染物逐渐减少，环境质量得到不断提升，实现了经济发展与环境质量的协同；但对于能源消费和能源 CO_2 排放而言，数字经济发展会在前期导致更多的能源消费和能源 CO_2 排放，但其能够推动能源消费和能源 CO_2 排放更早地达到峰值，并且在达到峰值后，其能更快地推动能源消费和能源 CO_2 排放的降低；在要素协同情景下，推动数字经济发展的同时，进一步提升产业结构水平和科技创新水平能够抵消数字经济的规模效应所导致的能源消费和能源 CO_2 排放的增加，使其能源消费和能源 CO_2 排放发展趋势线低于仅依靠数字经济发展的情景导向型趋势线；并且在达到峰值后，要素协同情景下的节能减排作用也更加明显，总体环境污染程度也进一步降低。

8.2 政策建议

8.2.1 加快数字经济发展，助力环境质量提升

随着信息技术在经济活动中日益深入和发展，我国已逐步迈向数字经济时代，数字经济在推动我国产业结构调整、促进经济增长、改善环境质量方面扮演着重要的角色，是推进我国经济高质量发展和构建社会主义和

谐社会的重要引擎。应将重心摆在利于数字经济发展的基础设施和信息资源建设上，重视开展5G、大数据中心等“新基建”项目建设，推动政务信息资源和社会信息资源的整合共享，促进基础设施建设互联互通，为高质量发展提供重要保障，力争打造创新、科学、高效的数字经济发展环境。

信息不对称一直是制约社会保护资源环境的重要因素，在数字技术高速发展的背景下，环境保护行为可以通过大数据中心实现资源整合共享，从而形成有效监管，推动数据监管新生态。充分发挥数字经济在改善环境质量上的作用，搭建环境污染防控智能系统，利用人工智能、物联网、云计算等新兴技术实现对环境污染的全覆盖和实时监测，推动各区域污染防控信息共享工作，打破信息传播壁垒，实现污染防治层层分管、互联互通，推动环境污染防治工作更加科学、合理和有效。

加大对“数字中国”战略的宣传与推广，推动数字普惠金融高效发展，积极探索与社会发展状况相适宜的环境保护制度，实现“数字红利”全民共享，以“数字红利”赋能环境质量改善工作，促进数字经济高质量增长。最后，加强数字经济与城市治理相结合，搭建智慧城市治理模式；加快推动数字社会建设，增强公民的数字素养，从而实现数字生活模式；构建数字文明，降低环境污染排放量，提升环境治理水平，减少城市能源消耗，为节能减排、环境质量改善保驾护航。

探索和推进数字技术在环境治理方面的实践与应用，利用数字技术赋能环境保护工作。推进数字技术与分布式能源系统深度融合，为能源供给侧结构性改革提供坚实保障，利用数字技术评估及控制能源消耗，将能源互联网的建设摆在核心战略地位。通过人工智能技术处理复杂系统产生的问题，推动资源的可再生，提高清洁能源利用效率，减少环境污染。

8.2.2 加强数字经济对产业结构升级和科技创新的驱动力

数字经济的高速增长对调整产业结构和推动科技创新具有显著的驱动影响，并且科技创新和产业结构升级能够在一定程度上抵消数字经济对环境质量的负向影响。为实现我国产业结构持续转型和优化，增强对新兴产业布局的适应和协调能力，应积极把握产业数字化发展契机，推动产业数字化优化升级，以数字化、网络化、智能化来促进传统产业和数字经济的深度融合，以期实现降低生产制造成本、创新产业发展模式、减少环境污染和改善环境质量等目标。

创新驱动数字技术发展，增强技术保障水平。首先，提高科学技术创新研发的力度，关注云计算、工业互联网以及大数据等重点领域的数字技术研发，促进基础性技术的更新与升级，提高生产效率。其次，重点关注低碳创新技术的研发，促进能源绿色低碳转型，为节能减排、改善环境质量提供重要技术支撑。再次，运用数字技术手段实现创新平台的互联互通，整合创新资源，强化协同开放式创新，更好释放数字化潜能。最后，打造集生产、传递、制造、消费、监督等于一体的智能平台，实现产业生产制作过程与数字技术的深度融合，驱动产业数字化转型与发展。积极探索产业联动机制，实现资源和能源利用效率的提升，推动节能减排。

8.2.3 推动区域协调发展，缩小“数字鸿沟”

由于各区域政策、环境、创新等条件的不同使得城市间数字经济发展存在不平衡、不充分的现象，但地区的数字经济发展存在着明显的空间相关效应。基于此，在统筹布局我国数字经济发展策略时，应当重点关注我国区域数字经济发展在促进城市生态环境保护工作上的空间溢出影响，以及区域数字经济发展不平衡不充分的问题。

一方面，对于数字经济发展水平高，具有良好的发展环境和氛围，拥有完备基础设施的区域，应当要以“强优势”为核心，将发展重心摆在数字人才和技术前面，扩大人力资本投入力度，提高科技创新研发，实现区域内部各地级市之间的协调发展。针对发展水平处于弱势的地区，应着力补齐短板，加大资金投入。积极推动数字经济贫困区域的基础设施建设，扩大数字技术的普及范围，助力数字技术在区域间的深入应用。努力打造龙头骨干数字化产业，主动和数字经济发展水平高的地区加强数字经济交流与合作，强化区域间数字经济产业对接和帮扶，促进城市间的协同发展，加快弥合“数字鸿沟”，提高区域数字经济发展质量，促进经济协调发展，为改善环境质量提供重要保障。

另一方面，充分发挥数字经济的空间溢出效应，统筹区域经济协调发展，为区域数字经济发展提质增效。应合理调控高数字经济发展区域的“虹吸效应”，加大对数字经济贫困区域的政策倾斜。在规划期预先设计邻近区域之间的核心数字经济着力点，形成多元优势互补的数字经济发展格局，推动区域间资源优化配置，加快构建新发展格局，努力消除同质化恶性竞争，最终实现区域环境质量协调发展。

8.2.4 突出政策引领作用，增强数字经济政策扶持

数字经济的外生冲击变量“宽带中国”试点政策对加强生态环境保护具有重要的意义。数字经济的发展离不开政府政策的支持，顺利完成新阶段的数字经济发展任务，激发数字经济活力，必须着重加大政府政策扶持力度，从而间接推动环境质量的改善。对数字经济政策的制定方式进行优化，推动政策可执行度不断提高。努力推进数字经济与实体经济的融合发展，根据产业发展所处的实际阶段制定符合发展水平和要求的政策制度，实现由高污染高耗能产业向知识密集型、清洁型产业转型。密切关注数字经济发展的现状和趋势，增强数字经济政策的系统性、针对性、连贯性和合理性，激发数字经济发展的创新性和灵活性，促进清洁技术的优化升级。应积极加强政策引导，完善市场和环境规制，使得区域环境治理呈现数字化、智能化，从而全面提升区域的环境治理能力，推动区域数字经济与绿色经济协同发展。

8.3 研究不足与展望

人工智能、区块链等新一代信息技术还处于高速发展阶段，数字经济

的发展也才刚刚起步。再加上数字经济与环境质量是较为复杂的系统性问题，涉及多个方面和多种主体，并且数字经济随着创新环境和信息技术的不断更新发展，其内涵、模式和要素也在不断进步、完善和发展。本书虽取得一定的成果，但受到本人科研能力、经验水平以及研究对象的复杂性等主客观原因的影响，仍存在很多不足和问题，主要包括如下几点。

（1）受数据可得性的限制，本书在对数字经济和环境质量进行测度时，主要选取的是便于量化、易于获取和具有代表性的指标，这并不能够完全代表数字经济和环境质量的变化。因此，在后期的工作和研究中，将考虑从其他不同的角度来构建数字经济和环境质量的评价体系，并分析不同指标体系下的数字经济和环境质量变化特征。

（2）本书相关的实证研究主要是基于国家和省市级的宏观数据，而缺少县级层面，未来在条件允许的情况下应进一步拓宽实证检验的数据样本。除此以外，企业是环境污染的微观主体，对企业的环境研究也是必要的。虽然在前期研究中论证和检验了数字经济对企业环境绩效的影响，但考虑到与本书研究框架缺乏一定的逻辑关联性，因此未将该部分内容置于书中，考虑在后期将该部分内容进行单独发表。

（3）环境的污染不仅仅源自经济发展的生产方式，社会群众的日常生活也会造成大量的污染。环境保护的一个首要手段是发挥人的主观能动性，推动全民参与环境保护。因此在后续的研究中，考虑以行为经济学为理论基础，从社会公众的微观视角来分析数字经济驱动居民环境保护的行为和机制。

（4）数字经济和环境质量呈现出持续性的动态演化发展，因此，可行的思路是通过演化经济学等理论分析数字经济发展和环境质量的动态演化机制，值得继续进行深入研究。

参考文献

[1] 2015 - 2016 腾讯企业社会责任报告 [EB/OL]. 腾讯基金会, 2021 - 11 - 04.

[2] 2020 年通信业统计公报 [EB/OL]. 中华人民共和国工业和信息化部, 2021 - 11 - 21.

[3] G20 数字经济发展与合作倡议 [EB/OL]. G20 官网, 2021 - 08 - 07.

[4] 柏培文, 张云. 数字经济、人口红利下降与中低技能劳动者权益 [J]. 经济研究, 2021, 56 (5): 91 - 108.

[5] 包群, 彭水军. 经济增长与环境污染: 基于面板数据的联立方程估计 [J]. 世界经济, 2006 (11): 48 - 58.

[6] 蔡虹, 张永林. 我国区域间外溢技术知识存量的测度及其经济效果研究 [J]. 管理学报, 2008 (4): 568 - 575 + 590.

[7] 蔡林. 系统动力学在可持续发展研究中的应用 [M]. 北京: 中国环境科学出版社, 2008: 25 - 26.

[8] 蔡跃洲. 数字经济的增加值及贡献度测算: 历史沿革、理论基础与方法框架 [J]. 求是学刊, 2018, 45 (5): 65 - 71.

[9] 曹春方, 张超. 产权权利束分割与国企创新——基于中央企业分红权激励改革的证据 [J]. 管理世界, 2020, 36 (9): 155 - 168.

[10] 曾岚婷, 叶阿忠. ICT 效应下外商直接投资、经济增长与能源消耗——基于半参数空间向量自回归模型的研究 [J]. 技术经济, 2020, 39 (11): 44 - 51.

[11] 茶洪旺, 左鹏飞. 信息化对中国产业结构升级影响分析——基于省级面板数据的空间计量研究 [J]. 经济评论, 2017 (1): 80 - 89.

[12] 陈昌兵. 新时代我国经济高质量发展动力转换研究 [J]. 上海经济研究, 2018 (5): 16-24, 41.

[13] 陈福中. 数字经济、贸易开放与“一带一路”沿线国家经济增长 [J]. 兰州学刊, 2020 (11): 100-112.

[14] 陈诗一. 能源消耗、二氧化碳排放与中国工业的可持续发展 [J]. 经济研究, 2009, 44 (4): 41-55.

[15] 陈向阳. 环境库兹涅茨曲线的理论与实证研究 [J]. 中国经济问题, 2015 (3): 51-62.

[16] 陈悦, 陈超美, 胡志刚, 等. 引文空间分析原理与应用: CiteSpace 实用指南 [M]. 北京: 科学出版社, 2014.

[17] 程广帅, 胡锦锈. 人力资本积累对环境质量的影响 [J]. 城市问题, 2019 (10): 46-52.

[18] 储节旺, 曹振祥. 乡村振兴战略科技支撑路径的理论模型构建 [J]. 安徽大学学报 (哲学社会科学版), 2020, 44 (4): 133-143.

[19] 邓荣荣, 张翱祥. 中国城市数字经济发展对环境污染的影响及机理研究 [J]. 南方经济, 2022 (2): 18-37.

[20] 邸勍, 袁晓玲, 王书蓓. 城镇化影响环境质量的典型机制与差异化研究 [J]. 当代经济科学, 2021, 43 (3): 94-106.

[21] 点亮绿色云端: 中国数据中心能耗与可再生能源使用潜力研究. [EB/OL]. 国际环保组织绿色和平、华北电力大学, 2022-01-03.

[22] 丁焕峰, 李佩仪. 中国区域污染与经济增长实证: 基于面板数据联立方程 [J]. 中国人口·资源与环境, 2012, 22 (1): 49-56.

[23] 丁焕峰, 孙小哲, 王露. 创新型城市试点改善了城市环境吗? [J]. 产业经济研究, 2021 (2): 101-113.

[24] 丁金宏, 耿文均, 毛仁俊, 等. 生育率演变的生态学逻辑及人口增长的长期趋势 [J]. 人口与经济, 2022 (1): 26-41.

[25] 丁俊菘, 邓宇洋, 汪青. 中国环境库兹涅茨曲线再检验——基于1998-2016年255个地级市PM2.5数据的实证分析 [J]. 干旱区资源与环境, 2020, 34 (8): 1-8.

[26] 丁玉龙. 信息通信技术对区域绿色经济效率的空间效应研究——基于省际面板数据的空间杜宾模型 [J]. 山东理工大学学报（社会科学版），2021，37（6）：15 – 20.

[27] 董敏杰，李钢，梁泳梅. 中国工业环境全要素生产率的来源分解——基于要素投入与污染治理的分析 [J]. 数量经济技术经济研究，2012，29（2）：3 – 20.

[28] 董直庆，蔡啸，王林辉. 技术进步方向、城市用地规模和环境质量 [J]. 经济研究，2014，49（10）：111 – 124.

[29] 樊纲，王小鲁，马光荣. 中国市场化进程对经济增长的贡献 [J]. 经济研究，2011，46（9）：4 – 16.

[30] 樊轶侠，徐昊. 中国数字经济发展能带来经济绿色化吗？——来自我国省际面板数据的经验证据 [J]. 经济问题探索，2021（9）：15 – 29.

[31] 范洪敏. 环境规制对绿色全要素生产率影响研究 [D]. 沈阳：辽宁大学，2018.

[32] 分享经济发展报告课题组，张新红，高太山，于凤霞，等. 认识分享经济：内涵特征、驱动力、影响力、认识误区与发展趋势 [J]. 电子政务，2016（4）：2 – 10.

[33] 干春晖，郑若谷，余典范. 中国产业结构变迁对经济增长和波动的影响 [J]. 经济研究，2011，46（5）：4 – 16，31.

[34] 高培勇，杜创，刘霞辉，等. 高质量发展背景下的现代化经济体系建设：一个逻辑框架 [J]. 经济研究，2019，54（4）：4 – 17.

[35] 古冰. 西部大开发以来西部地区工业污染研究 [J]. 云南社会科学，2010（4）：40 – 44.

[36] 桂黄宝，胡珍，孙璞，等. 中国政府采购政策促进环境质量改善了吗？——基于空间计量的实证评估 [J]. 管理评论，2021，33（2）：311 – 322.

[37] 郭峰，陈凯. 空间视域下互联网发展对城市环境质量的影响——基于空间杜宾模型和中介效应模型 [J]. 经济问题探索，2021（1）：104 – 112.

[38] 郭玲玲，武春友，于惊涛，等．中国绿色增长模式的动态仿真分析 [J]．系统工程理论与实践，2017，37 (8)：2119 -2130.

[39] 韩峰，严伟涛，王业强．生产性服务业集聚与城市环境质量升级——基于土地市场调节效应的研究 [J]．统计研究，2021，38 (5)：42 -54.

[40] 韩永辉，黄亮雄，王贤彬．产业结构优化升级改进生态效率了吗？[J]．数量经济技术经济研究，2016，33 (4)：40 -59.

[41] 洪雪飞．空间效应视角下经济增长、能源消费与环境质量关系研究 [D]．哈尔滨：哈尔滨工业大学，2019.

[42] 后小仙，郑田丹，陈琪．官员异质性、经济增长与环境质量 [J]．江海学刊，2020 (6)：88 -93，254.

[43] 胡鞍钢，周绍杰．绿色发展：功能界定、机制分析与发展战略 [J]．中国人口·资源与环境，2014，24 (1)：14 -20.

[44] 胡鞍钢．中国：创新绿色发展 [M]．北京：中国人民大学出版社，20120.

[45] 华为发布 iCooling@ AI 解决方案助力数据中心从制冷到“智冷” [EB/OL]．华为投资控股有限公司，2021 -11 -03.

[46] 华为投资控股有限公司 2018 可持续发展报告 [EB/OL]．华为投资控股有限公司，2021 -11 -03.

[47] 黄群慧，余泳泽，张松林．互联网发展与制造业生产率提升：内在机制与中国经验 [J]．中国工业经济，2019 (8)：5 -23.

[48] 黄裕洪．财政分权、区域技术创新与生态可持续发展 [J]．财政科学，2021 (4)：81 -92.

[49] 纪祥裕．中部崛起战略对城市环境质量的影响研究——基于 PSM -DID 方法的分析 [J]．经济问题探索，2020 (8)：157 -169.

[50] 姜磊，周海峰，柏玲．外商直接投资对空气污染影响的空间异质性分析——以中国 150 个城市空气质量指数 (AQI) 为例 [J]．地理科学，2018 (3)：351 -36

[51] 蒋金荷．可持续数字时代：数字经济与绿色经济高质量融合发

展［J］. 企业经济，2021，40（7）：23－30，161.

［52］金环，于立宏. 数字经济、城市创新与区域收敛［J］. 南方经济，2021（12）：21－36.

［53］金志奇. 试论信息技术对产业结构变动与升级的作用［J］. 现代财经，2005（7）：74－77.

［54］荆文君，孙宝文. 数字经济促进经济高质量发展：一个理论分析框架［J］. 经济学家，2019（2）：66－73.

［55］康铁祥. 中国数字经济规模测算研究［J］. 当代财经，2008（3）：118－121.

［56］康艳青. 基于中国 SO_2 排放的环境污染与公共治理研究［J］. 生态经济，2018，34（3）：160－165.

［57］牢记绿色发展使命推动经济高质量发展［EB/OL］. 人民论坛网，2022－01－04.

［58］雷红，李言. 互联网提升了城市的企业家精神吗？——基于全国282个地级及以上城市的面板数据分析［J］. 云南财经大学学报，2021，37（2）：83－94.

［59］李春瑜. 大气环境治理绩效实证分析——基于PSR模型的主成分分析法［J］. 中央财经大学学报，2016（3）：104－112.

［60］李国璋. 全要素能源效率与环境污染关系研究［J］. 中国人口. 资源与环境，2010，20（4）：50－56.

［61］李宏伟. 马克思主义生态观与当代中国实践［M］. 北京：人民出版社，2015.

［62］李婧. 基于熵权TOPSIS法的港口物流竞争力评价研究［J］. 华东交通大学学报，2014（6）：47－53.

［63］李娟伟，任保平. 协调中国环境污染与经济增长冲突的路径研究——基于环境退化成本的分析［J］. 中国人口·资源与环境，2011，21（5）：132－139.

［64］李英杰，韩平. 数字经济发展对我国产业结构优化升级的影响——基于省级面板数据的实证分析［J］. 商业经济研究，2021（6）：

183 – 188.

［65］李长江．关于数字经济内涵的初步探讨［J］．电子政务，2017（9）：84 – 92.

［66］李忠民，周维颖，田仲他．数字贸易：发展态势、影响及对策［J］．国际经济评论，2014（6）：8，131 – 144.

［67］联合国．国民经济核算体系 1993（中译本）［M］．北京：中国统计出版社，1995：115 – 117.

［68］梁经纬，刘金兰，柳洲．基于半参数估计的能源消费与经济增长关系研究［J］．统计与信息论坛，2013，28（7）：49 – 53.

［69］梁琦，肖素萍，李梦欣．数字经济发展、空间外溢与区域创新质量提升——兼论市场化的门槛效应［J］．上海经济研究，2021（9）：44 – 56.

［70］林江彪，王亚娟，张小红，等．黄河流域城市资源环境效率时空特征及影响因素［J］．自然资源学报，2021，36（1）：208 – 222.

［71］刘传明，马青山．网络基础设施建设对全要素生产率增长的影响研究——基于“宽带中国”试点政策的准自然实验［J］．中国人口科学，2020（3）：75 – 88，127 – 128.

［72］刘建翠，郑世林．中国省际 R&D 资本存量的估计：1990—2014［J］．财经问题研究，2016（12）：100 – 107.

［73］刘沐宇，陈方芳．桥梁生命周期环境影响成本分析模型研究［J］．土木工程学报，2010，43（S2）：373 – 378.

［74］刘荣增，李盼．中国城市扩张的环境质量效应研究［J］．生态经济，2021，37（2）：76 – 81，95.

［75］刘淑春．中国数字经济高质量发展的靶向路径与政策供给［J］．经济学家，2019（6）：52 – 61.

［76］刘潇，薛莹，纪毓鹏，等．基于主成分分析法的黄河口及其邻近水域水质评价［J］．中国环境科学，2015，35（10）：3187 – 3192.

［77］刘战豫，孙夏令，薛金礼．我国绿色物流发展面临的突出问题及应对策略［J］．经济纵横，2018（5）：97 – 101.

[78] 刘竹，耿涌，薛冰，等．城市能源消费碳排放核算方法［J］．资源科学，2011，33（7）：1325－1330．

[79] 陆旸．从开放宏观的视角看环境污染问题：一个综述［J］．经济研究，2012，47（2）：146－158．

[80] 绿色云端2020中国互联网云服务企业可再生能源表现排行榜［EB/OL］．国际环保组织绿色和平、华北电力大学，2021－11－04．

[81] 马化腾．数字经济：中国创新增长新动能［M］．北京：中信出版社，2017：4．

[82] 马克思恩格斯选集（第44卷）［M］．北京：人民出版社，2001：56．

[83] 马青山，何凌云，袁恩宇．新兴基础设施建设与城市产业结构升级——基于“宽带中国”试点的准自然实验［J］．财经科学，2021（4）：76－90．

[84] 马述忠，房超，梁银锋．数字贸易及其时代价值与研究展望［J］．国际贸易问题，2018（10）：16－30．

[85] 马中东，宁朝山．数字经济、要素配置与制造业质量升级［J］．经济体制改革，2020（3）：24－30．

[86] 美国商务部经济分析局首次界定并测度数字经济［EB/OL］．中国互联网经济研究院，2021－08－06．

[87] 聂飞．国家“智慧城市”试点对FDI的“二元边际”扩展的影响：理论机制与实证［J］．国际贸易问题，2019（10）：84－99．

[88] 庞瑞芝，张帅，王群勇．数字化能提升环境治理绩效吗？——来自省际面板数据的经验证据［J］．西安交通大学学报（社会科学版），2021，41（5）：1－10．

[89] 逄健，朱欣民．国外数字经济发展趋势与数字经济国家发展战略［J］．科技进步与对策，2013，30（8）：124－128．

[90] 裴长洪，倪江飞，李越．数字经济的政治经济学分析［J］．财贸经济，2018，39（9）：5－22．

[91] 戚聿东，刘翠花，丁述磊．数字经济发展、就业结构优化与就

业质量提升［J］. 经济学动态，2020（11）：17－35.

［92］戚聿东，肖旭，蔡呈伟. 产业组织的数字化重构［J］. 北京师范大学学报（社会科学版），2020（2）：130－147.

［93］钱立华，方琦，鲁政委. 刺激政策中的绿色经济与数字经济协同性研究［J］. 西南金融，2020（12）：3－13.

［94］乔海曙，吕慧敏. 中国互联网金融理论研究最新进展［J］. 金融论坛，2014，19（7）：24－29.

［95］邱淞，潘黎，侯剑华. 21 世纪国际学前教育研究的热点领域和前沿演进——基于 SSCI 中最有影响力的 5 种学前教育期刊文献的计量和可视化分析［J］. 学前教育研究，2014（6）：10－20.

［96］邱兆祥，刘永元. 以绿色金融推动生态文明建设［J］. 理论探索，2020（6）：83－89.

［97］邵佳，冷志明. 武陵山片区区域生态安全测度与评价［J］. 经济地理，2016，36（10）：166－171.

［98］邵帅，李欣，曹建华，等. 中国雾霾污染治理的经济政策选择——基于空间溢出效应的视角［J］. 经济研究，2016，51（9）：73－88.

［99］盛科荣，张杰，张红霞. 上市公司 500 强企业网络嵌入对中国城市经济增长的影响［J］. 地理学报，2021，76（4）：818－834.

［100］盛周君，孙世群，王京城，等. 基于主成分分析的河流水环境质量评价研究［J］. 环境科学与管理，2007（12）：172－175.

［101］十八大以来，习近平反复强调“绿水青山”［EB/OL］. 光明网，2022－01－03.

［102］数字经济发展白皮书［EB/OL］. 中国信息通信研究院，2021－10－06.

［103］宋洋. 经济发展质量理论视角下的数字经济与高质量发展［J］. 贵州社会科学，2019（11）：102－108.

［104］孙传旺，罗源，姚昕. 交通基础设施与城市空气污染——来自中国的经验证据［J］. 经济研究，2019，54（8）：136－151.

［105］孙黎，许唯聪. 数字经济对地区全球价值链嵌入的影响——基

于空间溢出效应视角的分析 [J]. 经济管理, 2021, 43 (11): 16-34.

[106] 孙青, 张晓青, 路广. 国际要素流动和商品贸易对环境效率的影响研究 [J]. 地域研究与开发, 2021, 40 (1): 144-149.

[107] 孙晓峰. 模块化技术与模块化生产方式: 以计算机产业为例 [J]. 中国工业经济, 2005 (6): 60-66.

[108] 谭志雄, 张阳阳. 财政分权与环境污染关系实证研究 [J]. 中国人口·资源与环境, 2015, 25 (4): 110-117.

[109] 王东, 李金叶. 财政分权对环境污染的空间效应 [J]. 中国人口·资源与环境, 2021, 31 (2): 44-51.

[110] 王锋正, 刘向龙, 张蕾, 等. 数字化促进了资源型企业绿色技术创新吗? [J]. 科学学研究, 2022, 40 (2): 332-344.

[111] 王婧, 杜广杰. 中国城市绿色发展效率的空间分异及驱动因素 [J]. 经济与管理研究, 2020, 41 (12): 11-27.

[112] 王康仕, 孙旭然, 张林曦, 等. 金融数字化是否促进了绿色金融发展? ——基于中国工业上市企业的实证研究 [J]. 财经论丛, 2020 (9): 44-53.

[113] 王梦菲, 张昕蔚. 数字经济时代技术变革对生产过程的影响机制研究 [J]. 经济学家, 2020 (1): 52-58.

[114] 王其藩. 系统动力学理论与方法的新进展 [J]. 系统工程理论方法应用, 1995, 2: 6-12.

[115] 王奇, 叶文虎. 三种行为与可持续发展战略的实施 [J]. 环境保护, 2001 (11): 36-38.

[116] 王青, 赵景兰, 包艳龙. 产业结构与环境污染关系的实证分析: 基于1995—2009年的数据 [J]. 南京社会科学, 2012 (3): 14-19.

[117] 王婷, 吕昭河. 人口增长、收入水平与城市环境 [J]. 中国人口·资源与环境, 2012 (4): 143-149.

[118] 王章名, 王成璋. 研发投入对环境污染影响的实证研究 [J]. 管理学报, 2016 (11): 1710-1717.

[119] 王子敏, 李婵娟. 中国互联网发展的节能减排影响实证研究:

区域视角［J］．中国地质大学学报（社会科学版），2016，16（6）：54－63，152.

［120］乌静，肖鸿波，陈兵．数字经济对绿色全要素生产率的影响研究［J］．金融与经济，2022（1）：55－63.

［121］吴敬琏．中国增长模式抉择（增订版）［M］．上海：上海远东出版社，2008.

［122］吴俊培，丁玮蓉，龚旻．财政分权对中国环境质量影响的实证分析［J］．财政研究，2015（11）：56－63.

［123］吴亚非，李科．基于 SPSS 的主成分分析法在评价体系中的应用［J］．当代经济，2009（3）：166－168.

［124］吴延兵．R&D 存量、知识函数与生产效率［J］．经济学（季刊），2006（3）：1129－1156.

［125］夏军，王中根，左其亭．生态环境承载力的一种量化方法研究——以海河流域为例［J］．自然资源学报，2004（6）：786－794.

［126］肖国芳，李建强．基于 SSCI 的技术转移研究热点与知识图谱分析［J］．图书馆杂志，2014，33（5）：78－83.

［127］肖士恩，雷家骕．中国环境污染损失测算及成因探析［J］．中国人口·资源与环境，2011，21（12）：70－74.

［128］肖旭，戚聿东．产业数字化转型的价值维度与理论逻辑［J］．改革，2019（8）：61－70.

［129］肖周燕．中国人口空间聚集对生产和生活污染的影响差异［J］．中国人口·资源与环境，2015，25（3）：128－134.

［130］徐清源，单志广，马潮江．国内外数字经济测度指标体系研究综述［J］．调研世界，2018（11）：52－58.

［131］徐维祥，周建平，刘程军．数字经济发展对城市碳排放影响的空间效应［J］．地理研究，2022，41（1）：111－129.

［132］许光清，邹骥．系统动力学方法：原理、特点与最新进展［J］．哈尔滨工业大学学报（社会科学版），2006（4）：72－77.

［133］许和连，邓玉萍．外商直接投资导致了中国的环境污染

吗？——基于中国省级面板数据的空间计量研究［J］．管理世界，2012（2）：30－43.

［134］许宪春，任雪，常子豪．大数据与绿色发展［J］．中国工业经济，2019（4）：5－22.

［135］许宪春，张美慧．中国数字经济规模测算研究——基于国际比较的视角［J］．中国工业经济，2020（5）：23－41.

［136］许钊，高煜，霍治方．数字金融的污染减排效应［J］．财经科学，2021（4）：28－39.

［137］闫慧，孙立立．1989年以来国内外数字鸿沟研究回顾：内涵、表现维度及影响因素综述［J］．中国图书馆学报，2012，38（5）：82－94.

［138］闫沛慈，芮雪琴．人力资本集聚促进区域科技创新吗？——基于门槛回归模型的分析［J］．管理现代化，2018，38（6）：95－99.

［139］严太华，朱梦成．技术创新、产业结构升级对环境污染的影响［J］．重庆大学学报（社会科学版），2023，29（5）：70－84.

［140］叶文虎，栾胜基．环境质量评价学［M］．北京：高等教育出版社，1994.

［141］叶亚平，刘鲁君．中国省域生态环境质量评价指标体系研究［J］．环境科学研究，2000（3）：33－36.

［142］易宪容，陈颖颖，位玉双．数字经济中的几个重大理论问题研究——基于现代经济学的一般性分析［J］．经济学家，2019（7）：23－31.

［143］于法稳．基于绿色发展理念的智慧农业实现路径［J］．人民论坛·学术前沿，2020（24）：79－89.

［144］余姗，樊秀峰，蒋皓文．数字经济对我国制造业高质量走出去的影响——基于出口技术复杂度提升视角［J］．广东财经大学学报，2021，36（2）：16－27.

［145］袁家健．我国人才与经济增长关系研究——东部11省市国有企事业单位专业技术人员的实证分析［J］．科学学与科学技术管理，2014，35（3）：175－180.

［146］约翰·D. 斯特曼．商务动态分析方法：对复杂世界的系统思考

与建模［M］. 湍朱岩，钟永光，等译，北京：清华大学出版社，2008.

［147］臧传琴，吕杰. 环境库兹涅茨曲线的区域差异——基于1995—2014年中国29个省份的面板数据［J］. 宏观经济研究，2016（4）：62－69，114.

［148］张成，朱乾龙，于同申. 环境污染和经济增长的关系［J］. 统计研究，2011，28（1）：59－67.

［149］张红凤，姜琪，吕杰. 经济增长与食品安全——食品安全库兹涅茨曲线假说检验与政策启示［J］. 经济研究，2019，54（11）：180－194.

［150］张骞. 互联网发展对区域创新能力的影响及其机制研究［D］. 济南：山东大学，2019.

［151］张克中，王娟，崔小勇. 财政分权与环境污染：碳排放的视角［J］. 中国工业经济，2011（10）：65－75.

［152］张鹏. 数字经济的本质及发展逻辑［J］. 经济学家，2019（2）：25－33.

［153］张瑞萍. 西部生态环境与经济增长协调发展研究［D］. 甘肃：兰州大学，2015.

［154］张三峰，魏下海. 信息与通信技术是否降低了企业能源消耗——来自中国制造业企业调查数据的证据［J］. 中国工业经济，2019（2）：155－173.

［155］张腾，蒋伏心，韦朕韬. 数字经济能否成为促进我国经济高质量发展的新动能？［J］. 经济问题探索，2021（1）：25－39.

［156］张昕蔚. 数字经济条件下的创新模式演化研究［J］. 经济学家，2019（7）：32－39.

［157］张新红，于凤霞，高太山，等. 中国分享经济发展现状、问题及趋势［J］. 电子政务，2017（3）：2－15.

［158］张勋，万广华，张佳佳，等. 数字经济、普惠金融与包容性增长［J］. 经济研究，2019，54（8）：71－86.

［159］张焱. 数字经济、溢出效应与全要素生产率提升［J］. 贵州社会科学，2021（3）：139－145.

［160］张艺，朱桂龙，陈凯华．产学研合作国际研究：研究现状与知识基础［J］．科学学与科学技术管理，2015（9）：62－70.

［161］赵国强，陈立文，穆佳，等．生态环境质量评价体系建设的探讨［J］．气象与环境科学，2018，41（1）：1－11.

［162］赵涛，张智，梁上坤．数字经济、创业活跃度与高质量发展——来自中国城市的经验证据［J］．管理世界，2020，36（10）：65－76.

［163］周慧，孙革，周加来．数字经济能够缩小城乡多维差距吗？——资源错配视角［J］．现代财经（天津财经大学学报），2022，42（1）：50－65.

［164］周靖，胡秋红．对外开放、财政分权与中国环境污染［J］．江汉论坛，2018（3）：45－50.

［165］周晓辉，刘莹莹，彭留英．数字经济发展与绿色全要素生产率提高［J］．上海经济研究，2021（12）：51－63.

［166］周晓敏，杨先农．绿色发展理念：习近平对马克思生态思想的丰富与发展［J］．理论与改革，2016（5）：50－54.

［167］Abadie A.，Diamond A.，Hainmuller J. Synthetic Control Methods for Comparative Case Studies：Estimating the Effect of California's Tobacco Control Program［R］. NBER Technical Working Paper Series，2010.

［168］Acemoglu D.，Aghion P.，Bursztyn L.，et al. The Environment and Directed Technical Change［J］. American Economic Review，2012，102.

［169］Aghion P. and Howitt P. A Model of Growth through Creative Destruction［J］Econometrica，1992（2）：323－351.

［170］Anderson D. TechnicalProgress and Pollution Abatement：An Economic View of Selected Technologies and Practices［J］. Environment and Development Economics，2001，6（3）：283－311.

［171］Andrae A.，Edler T. On Global Electricity Usage of Communication Technology：Trends to 2030［J］. Challenges，2015.

［172］AntweilerW.，Copeland B. R.，Taylor M. S. Is Free Trade Good for the Environment?［J］. American Economic Review，2001（91）：877－908.

[173] Asongu S. A. ICT, Openness and CO_2 Emissions in Africa [J]. Environmental Science and Pollution Research, 2018.

[174] Bai X. R., Tang J. C. Ecological Security Assessment of Tianjin by PSR Model [J]. Procedia Environmental Sciences, 2010, 2: 881 - 887.

[175] Baller S., Dutta S., Lanvin B. Global Information Technology Report 2016. Innovating in the Digital Economy [M]. Palgrave Macmillan, 2016.

[176] Baltagi B. H., Li D. Series Estimation of Partially Linear Panel Data Models with Fixed Effects [J]. Annals of Economics & Finance, 2002, 3 (1): 103 - 116.

[177] Baumers M, Dickens P, Tuck C, et al. The Cost of Additive Manufacturing: Machine Productivity, Economies of Scale and Technology - Push [J]. Technological Forecasting and Social Change, 2016, 102: 193 - 201.

[178] Beck T., Levine R., Levkov A. Big Bad Banks? The Winners and Losers from Bank Deregulation in the United States [J]. The Journal of Finance, 2010, 65 (5): 1637 - 1667.

[179] Berkhout F., J. Hertin. De - materialising and Re - materialising: Digital Technologies and the Environment [J]. Futures, 2004, 36 (8): 903 - 920.

[180] Cardona A. M., T. K. A. B. and T. S. B. ICT and Productivity: Conclusions from the Empirical Literature [J]. Information Economics and Policy, 2013: 109 - 125.

[181] Chen C. Science Mapping: A Systematic Review of the Literature [J]. Journal of Data & Information Science, 2017, 2 (2): 1 - 40.

[182] Chen H., Li W., Xie X. Intelligent Image Monitoring Technology of Marine Environmental Pollution Information [J]. Journal of Coastal Research, 2020, 112 (sp1).

[183] Climate Watch [EB/OL]. World Resources Institute, 2021 - 12 - 21.

[184] Cole M. A., Elliott R. J. R., Fredriksson P. G. Endogenous

Pollution Haven: Does Influence Environmental Regulation? [J]. Scandinavian Journal of Economics, 2006 (108): 157 - 178.

[185] Dean J. M. Does Trade Liberalization Harm the Environment? A New Test [J]. Canadian Journal of Economics, 2002 (4): 819 - 842.

[186] Desousajabbour A. B. L., Jabbour C., Filho M. G., et al. Industry 4.0 and the Circular Economy: A Proposed Research Agenda and Original Roadmap for Sustainable Operations [J]. Annals of Operations Research, 2018, 270 (1 - 2): 273 - 286.

[187] Digital Transformation Initiative: Maximizing the Return on Digital Investments [EB/OL]. World Economic Forum, 2021 - 12 - 31.

[188] Dinda S. Environmental Kuznets Curve Hypothesis: A Survey [J]. Ecological Economics, 2004, 49 (4): 431 - 455.

[189] Dr K. D. K. K., Lennerfors T. T., Fors P., et al. ICT and environmental sustainability in a changing society [J]. Information Technology & People, 2015, 28 (4): 758 - 774.

[190] Ehrlich., Paul R., et al. Impact of Population Growth [J]. Obstetrical & Gynecological Survey, 1971.

[191] Environmental P. Profile of the Electronics and Computer Industry [M]. Electronics, 1995.

[192] Eskeland G. S., Harrison A. E. Moving to Greener Pastures? Multinationals and the pollution Haven Hypothesis [J]. Journal of Development Economics, 2003 (70): 1 - 23.

[193] E. Pruyt. Small System Dynamics Models for Big Issues [M]. Delft, Netherlands: Delft University of Technology, 2013.

[194] Forrester J W. Industrial dynamics: AMajor Breakthrough for Decision Makers [J]. Harvard Business Review, 1958, 36 (4): 37 - 66.

[195] Forrester J. W. Industrial Dynamics [J]. Journal of the Operational Research Society, 1997, 48 (10): 1037 - 1041.

[196] Glaeser E. L., Kahn M. E. The Greenness of Cities: Carbon Di-

oxide Emissions and Urban Development [J]. Nber Working Papers, 2010, 67 (3): 404 -418.

[197] Griliches Z. R&D and Productivity [M]. Chicago: University of Chicago Press, 1998.

[198] Griliches Z. The Search for R&D Spillovers [J]. Scandinavian Journal of Economics, 1992, 94 (s): 29 -47.

[199] Grossman G. M. , Krueger A. B. Economic Growth and the Environment [J]. The Quarterly Journal of Economic, 1995, 110 (2): 353 -377.

[200] Grossman G. M. , Krueger A. B. Environmental Impacts of a North American Free Trade Agreement [J]. NBER Working Paper, 1991 (3914): 1 -57.

[201] Gurney K R, Mendoza D L, Zhou Y, et al. High Resolution Fossil Fuel Combustion CO_2 Emission Fluxes for the United States [J]. Environmental Science & Technology, 2009, 43 (14): 5535 -5541.

[202] Hasan K. Digital Ecosystems: ICT's Contribution to Addressing Climate Change [C]. IEEE International Conference on Digital Ecosystems & Technologies, 2009.

[203] Heddeghem W V. , Demeester P, Lambert S. , et al. Trends in Worldwide ICT Electricity Consumption from 2007 to 2012 [J]. Computer Communications, 2014.

[204] Hilty L . M. , Aebischer B. ICT Innovations for Sustainability [M]. Springer International Publishing, 2015.

[205] Hu A. , Jefferson G. H. , Qian J. R&D and Technology Transfer: Firm -Level Evidence from Chinese Industry [J]. Review of Economics & Statistics, 2005, 87 (4): 780 -786.

[206] Hwang C. L . , Yoon K. Multiple Attribute Decision Making, Methods and Applications [M]. New York: Springer -Verlag, 1981.

[207] H. S. Matthews, The Environmental Implications of the Growth of the Information and Communications Technology Sector [J]. Paper for Environ-

ment Directorate, OECD, Paris, 2001.

[208] Jobert T., Karanfil F., Tykhonenko A. Estimating Country – Specific Environmental Kuznets Curves from Panel Data: a Bayesian Shrinkage Approach [J]. Applied Economics, 2014, 46 (13 – 15): 1449 – 1464.

[209] Kolko J. Broadband andLocal Growth [J]. Journal of Urban Economics, 2012, 71 (1): 100 – 113.

[210] Lesage J. P., Pace R. K. Spatial Econometric Modeling of Origin – Destination Flows [J]. Journal of Regional Science, 2008, 48 (5): 941 – 967.

[211] Li Ling. China's Manufacturing Locus in 2025: With a Comparison of "Made – in – China 2025" and "Industry 4.0" [J]. Technological Forecasting and Social Change, 2018: 66 – 74.

[212] Li P., Lu Y., Wang J. Does Flattening Government Improve Economic Performance? Evidence from China [J]. Journal of Development Economics, 2016, 123: 18 – 37.

[213] Li Z., Li N., Wen H. Digital Economy and Environmental Quality: Evidence from 217 Cities in China [J]. Sustainability, 2021.

[214] Liu X., Ma S., Tian J., et al. A System Dynamics Approach to Scenario Analysis for Urban Passenger Transport Energy Consumption and CO_2 Emissions: A Case Study of Beijing [J]. Energy Policy, 2015, 85: 253 – 270.

[215] loebbecke C., Picot A. Reflections on Societal and Business Model Transformation Arising from Digitization and Big Data Analytics [J]. Journal of strategic information systems, 2015 (24): 149 – 157.

[216] Loon P. V., Deketele L., Dewaele J., et al. A Comparative Analysis of Carbon Emissions from Online Retailing of Fast Moving Consumer Goods [J]. Journal of Cleaner Production, 2015, 106 (1): 478 – 486.

[217] Lucas R E. On the Mechanics of Economic Development [J]. Journal of Monetary Economics, 1988, 22 (1): 3 – 42.

[218] Mangiaracina, Riccardo, Marchet, et al. A Review of the Envi-

ronmental Implications of B2C E - Commerce: A Logistics Perspective [J]. International Journal of Physical Distribution & Logistics Management, 2015.

[219] Mazzanti M., Montini A., Zoboli R. Environmental Kuznets Curves for Air Pollutant Emissions in Italy: Evidence from Environmental Accounts (NAMEA) Panel Data [J]. Economic Systems Research, 2008, 20 (3): 277 - 301.

[220] Mobarak A. M. Democracy, Volatility, and Economic Development [J]. Review of Economics and Statistics, 2005 (2): 348 - 361.

[221] Neirotti P., Marco A. D., Cagliano A. C., et al. Current trends in Smart City initiatives: Some Stylised Facts [J]. Cities, 2014, 38 (5): 25 - 36.

[222] Nemat S. Economic Development and Environmental Quality: An Econometric Analysis [J]. Oxford Economic Papers, 1994, 46: 757 - 773.

[223] Nunn N., Qian N. US Food Aid and Civil Conflict [J]. American Economic Review, 2014, 104 (6): 1630 - 66.

[224] OECD. Measuring the Digital Economy: A New Perspective [M]. OECD Publishing, 2014: 45 - 49.

[225] Oláh Judit, Kitukutha N., Haddad H., et al. Achieving Sustainable E - Commerce in Environmental, Social and Economic Dimensions by Taking Possible Trade - Offs [J]. Sustainability, 2018, 11 (1).

[226] Olson D. L. Comparison of Weights in TOPSIS Models [J]. Mathematical & Computer Modelling, 2004, 40 (7): 721 - 727.

[227] Org Z. The Emerging Digital Economy [J]. Advances in Spatial Science, 2006: 1 - 19.

[228] Palsson H., Pettersson F., Hiselius L. W. Energy Consumption in E - Commerce Versus Conventional Trade Channels - Insights into Packaging, the Last Mile, Unsold Products and Product Returns [J]. Journal of Cleaner Production, 2017, 164 (15): 765 - 778.

[229] Panayotou T. Empirical Tests and Policy Analysis of Environmen-

talDegradation at Different Stages of Economic Development [C]. Working Paper WP239, Technology and Employment Programme, International Labor Office, Ceneva, 1993.

[230] Peng G C. Green ICT: A Strategy for Sustainable Development of China's Electronic Information Industry [J]. China: An International Journal, 2013, 11 (3): 68 - 86.

[231] Plepys A. The Grey Side of ICT [J]. Environmental Impact Assessment Review, 2002, 22 (5): 509 - 523.

[232] Pozzi A. E - commerce as aStockpiling Technology: Implications for Consumer Savings - Science Direct [J]. International Journal of Industrial Organization, 2013, 31 (6): 677 - 689.

[233] Richardson, Lizzie. Performing the sharing economy [J]. Geoforum, 2015, 67 (DEC.): 121 - 129.

[234] Romer P. M. Endogenous Technological Change [J]. Journal of Political Economy, 1990 (98): 71 - 102.

[235] Romer P. M. Increasing Returnsand Long RunGrowth [J]. Journal of Political Economy, 1986 (5): 1002 - 1037.

[236] Selden Song. Environmental Quality and Development: Is There a Kuznets Curve for Air PollutionEmissions? [J]. Journal of Environmental Economics and Management, 1994, 27 (2): 147 - 162.

[237] Shafik N., Bandyopadhyay S. Economic Growth and Environmental Quality: Time Series and Cross - Country Evidence [J]. Policy Research Working Paper Series, 1992.

[238] Spiezia V., Koksal - Oudot E., Montagnier P. New Skills for the Digital Economy [J]. Oecd Digital Economy Papers, 2016.

[239] Steffen Lange, Johanna Pohl, Tilman Santarius. Digitalization and energy Consumption. Does ICT reduce energy demand? [J]. Ecological Economics, 2020, 176.

[240] Stern D. I., Perman R. Evidence from Panel Unit Root and Coin-

tegration Tests that the Environmental Kuznets Curve Does Not Exist [J]. Australian Journal of Agricultural and Resource Economics, 2003, 47 (3).

[241] TAPSCOTT D. The Digital Economy: Promise and Peril in the Age of Networked Intelligence [M]. McGraw - Hill New York, 1996.

[242] The EU - 15's New Economy—A Statistical Portrait [M]. Europe Communities, 2005.

[243] Toffel M. W., Horvath A. Environmental Implications of Wireless Technologies: News Delivery and Business Meetings [J]. Environ SciTechnol, 2004, 38 (11): 2961 - 2970.

[244] Tschorsch F., Scheuermann B. Bitcoin and Beyond: A Technical Survey on Decentralized Digital Currencies [J]. IEEE Communications Surveys & Tutorials, 2016: 2084 - 2123.

[245] Ulucak R., KhanS. Does Information and Communication Technology Affect CO_2 Mitigation Under the Pathway of Sustainable Development During the Mode of Globalization [J]. Sustainable Development, 2020 (28).

[246] Vega S. H., Elhorst J. P. The Slx Model [J]. Journal of Regional Science, 2015, 55 (3): 339 - 363.

[247] Vidas - Bubanja M. Implementation of Green ICT for Sustainable Economic Development [C]. International Convention on Information & Communication Technology, Electronics & Microelectronics, 2014.

[248] Wang D., Nicolau J. L. Price Determinants of Sharing Economy Based Accommodation Rental: A Study of Listings from 33 Cities on Airbnb. com [J]. International Journal of Hospitality Management, 2017 (62): 120 - 131.

[249] Yan Li, Xiaodong Yang, Qiying Ran, et al. Energy Structure, Digital Economy, and Carbon Emissions: Evidence from China. [J]. Environmental Science and Pollution Research. 2021, 28 (45).

[250] Yongmoon Park, Fanchen et al. The Effect of ICT, Financial Development, Growth, and Trade Openness on CO_2 emissions: an empirical analysis [J]. Environmental Science and Pollution Research, 2018, 25.

[251] York R., EA Rosa, Dietz T. STIRPAT, IPAT and ImPACT: Analytic Tools for Unpacking the Driving Forces of Environmental Impacts [J]. Ecological Economics, 2003, 46 (3): 351-365.

[252] Zhang X. C., Ma C., Zhan S. F., et al. Evaluation and Simulation for Ecological Risk Based on Energy Analysis and Pressure-State-Response Model in a Coastal City, China [J]. Procedia Environmental Sciences, 2012, 13: 221-231.

[253] Zhang Y., Ma S., Yang H., et al. A Big Data Driven Analytical Framework for Energy-Intensive Manufacturing Industries [J]. Journal of Cleaner Production, 2018, 197 (1): 57-72.